陳大達〔筆名：小瑞老師〕 ●著

飛行原理速成記事本

民航特考：飛航管制考試用書

作者序

一、所謂時間就是金錢，對於民航特考的學生不只是考試作答的時間分秒必爭，應該對準備考試的時間錙銖必較。

二、在傳統的民航補習班在教授「飛行原理」課程時，多用黑（白）板抄寫的方式，抄寫與整理黑（白）板的時間就佔了大部份的時間，且不願意或無能力幫學生以考古題為依據強調教學重點。

三、網路與某些民航補習班荒謬無稽的言論令人噴飯，也不禁為未來的飛航安全感到擔憂。片面而無系統性的學習，只會讓學生的觀念愈讀愈亂。

四、因此，個人依據學生與讀者的建議，以民航特考「飛行原理」考古題為依據編寫本套數位課程教材。並一改傳統民航補習班以黑（白）板抄寫的教學方式，課程教學以簡報為主，並精心剪輯，扣除個人抄寫與整理黑（白）板的時間，讓同學可以輕輕鬆鬆用十數個小時達到傳統民航補習班的效果，並具有快速入門與考前衝刺的功效。

五、除此之外，個人以最虔誠的心，追求航空真知，有別於網路「眾口鑠金」的流傳知識，也希望同學能以善意來回應與鼓勵。

六、感謝內人高瓊瑞女士在編錄本課程的期間諸多的協助與鼓勵，也承蒙秀威資訊科技股份有限公司惠予支持與出版，在此一併致謝。個人或許能力有限，如果同學希望仍有添增、指正與討論之處，歡迎至讀者信箱src66666@gmail.com留言。

飛行原理影視音課程授課大綱

主要參考書目	一、航空工程概論，陳大達編著，秀威資訊公司出版。 二、圖解式飛航原理簡易入門小百科，陳大達編著，秀威資訊公司出版。 三、民用航空發動機概論，陳大達編著，秀威資訊公司出版。		
教師姓名	國立交通大學機械工程系博士　陳大達（筆名小瑞老師）。		
教學目標 （綱要）	主要是結合民航特考特性，配合影視音課程與對應版書，讓學習者快速瞭解飛機飛行的原理。		
單元	名稱	內容	備考
一	介紹與使用說明	作者與課程介紹以及產品使用說明。	
二	民航特考考試導論	內容主要包括民航特考特性介紹、考生無法獲得佳績的主要原因、目前的考題的形式以及給考生的建議等幾個部份。	
三	飛航基本觀念	內容主要包括從民航特考考題的角度介紹航空器的分類與發展史、飛機的運動、飛機的機體結構、流體的特性以及音速與馬赫數等幾個部份。	
四	飛行環境	內容主要包括從民航特考考題的角度介紹飛機的飛行環境、氣流的特性以及音速與馬赫數等幾個部份。	
五	基本空氣動力學	內容主要包括從民航特考考題的角度介紹航空界常用假設、柏努利方程式、質量守恆定律或流量公式、理想氣體方程式、飛機飛行的速度區間、飛機避免音障（震波）影響的方法以及牛頓三大定律等幾個部份。	
六	機翼概論	內容主要包括飛機機翼的主要構造、相對運動原理、機翼的形狀、機翼翼型（翼剖面）的幾何形狀、機翼攻角的正負、機翼、翼型的命名、機翼理論、飛機失速的原因、高升力裝置的原理、機翼和攻角的關係等幾個部份。	

七	飛行的控制與性能	內容主要包括六個自由度的觀念、飛機控制面的位置與功用、 飛機操縱的制動原理、飛機性能與其影響因素、飛行包線等幾個部份。	
八	基本飛行力學	內容主要包括牛頓三大運動定律與直角座標、飛機飛行所受的四個力、航空界所使用的座標系統、俯仰角的定義、航跡角的定義、風座標與體座標的定義、三角函數的介紹、飛機起降所受四個力的關係以及風座標與體座標的關係等幾個部份。	
九	飛機的升力與阻力	內容主要包括升力的作用、機翼升力的形成、飛機的失速、一般物體所承受的阻力、飛機飛行時所承受的阻力、飛機飛行時阻力與攻角的關係、飛機飛行時阻力與速度的關係、升阻比、兩個最經濟的飛行速度（巡航速度）、翼尖渦流所引發的現象、震波阻力、後掠翼、超臨界翼型、翼刀和鋸齒狀前緣效應等幾個部份。	
十	民用航空發動機	內容主要包括飛機發動機的功能、發動機系統的分類、基本觀念介紹、渦輪噴射發動機的推力介紹、影響渦輪噴射發動機的推力因素、渦輪發動機在超音速飛機的變革以及其他等幾個部份。	
十一	飛行穩定與飛航安全	內容主要包括飛機飛行的主要狀態、飛機的起降、影響飛機起飛距離的因素、飛行穩定的定義、飛行穩定設計的種類與原理、飛航安全的定義以及影響飛航安全的因素與防制作為。	
十二	考生在計算題常見的錯誤	內容主要包括計算題常見題型、解題三步驟（考題簡化法）、考生在練習計算題所常見的問題以及考題常見公式解釋。	

目次
CONTENTS

秀威資訊
Showwe Information Co., Ltd.

第①單元
介紹與使用說明

Showwe Information CO., Ltd.

學經歷介紹　　　　　　　　　　　　1-1

學歷
➢ 國立交通大學機械研究所博士
➢ 中正理工學院系統工程系航空組碩士
➢ 中正理工學院航空系學士

經歷
➢ 空軍航空技術學院航空系助理教授
➢ 空軍經國號戰機修護人員訓練教官
➢ 空軍司令部武器系統分析官
➢ 空軍經國號戰機修護管制官
➢ 秀威資訊公司民航系列叢書作者

秀威資訊
Showwe Information Co., Ltd.
Showwe Information CO., Ltd.

民航特考補教經歷 1-2

- ⊙ 市面唯一民航特考飛行原理與空氣動力學考題解答叢書的作者。
- ⊙ 101年、102年與103年免費指導一名學生，均順利考上民航特考。
- ⊙ 102年擔任補習班飛行原理與空氣動力學課程的函授老師，考取人數佔當年民航局民航特考錄取總人數幾近一半以上。
- ⊙ 秀威資訊公司民航特考系列叢書-航空工程概論與空氣動力學概論作者。
- ⊙ 秀威資訊公司民航系列叢書作者。

秀威資訊　　　　　　　　　　　　Showwe Information CO., Ltd.

課程內容大綱 1-3

- ⊙ 教師與教材介紹
- ⊙ 民航特考考試導論
- ⊙ 飛航基本觀念
- ⊙ 飛行環境
- ⊙ 基本的空氣動力學
- ⊙ 機翼概論

- ⊙ 飛行的控制與性能
- ⊙ 基本飛行力學
- ⊙ 飛機的升力與阻力
- ⊙ 民用航空發動機
- ⊙ 飛行穩定與飛航安全
- ⊙ 常見計算題問題

秀威資訊　　　　　　　　　　　　Showwe Information CO., Ltd.

課程內容說明 　　　　　　　　　　　　　 1-4

⊙ 整套數位教材分成十二個單元。

⊙ 詳細授課課程大綱（單元講授重點）請各位同學參考記事本005~006頁。

⊙ 數位教材內容的適用範圍

> ★ 民航特考-飛航管制「飛行原理」科目的考試準備。
> ★ 民航特考-航務管理「空氣動力學」科目申論題、問答題以及簡易計算題的考試準備。
> ★ 民航局考照-「飛行原理」科目的考試準備。
> ★ 航空技職院校與大學航空工程的相關數位教材。

⊙ 本數位教材各課程單元中「內容概要」投影片所列項目即為該單元重點之所在或是考試重點。

⊙ 本數位教材配合各課程單元中「參考資料」投影片所列書籍研讀，可以增加同學對本教材內容的瞭解程度。

> 建議觀看本數位教材全部單元後，再針對個別單元做研讀與加強。

數位教材使用說明 　　　　　　　　　　　　 1-5

⊙ 特製以課程簡報(PPT)所做成的精美記事本

> ➢ 配合記事本觀看數位教材，可以增加對整套教材的瞭解度與清析度。
> ➢ 利用記事本，配合數位教材，可以記錄重點，攜帶與學習。
> ➢ 單獨觀看記事本可以自行做複習與對學習瞭解程度的測試。

⊙ 觀看數位教材基本配備

> ➢ 觀看數位課程須具備的軟硬體基本環境。
> ➢ 週邊需求：耳機或喇叭（為求最佳學習效果，建議使用耳機）。
> ➢ 如果遇到撥放聲音不清楚的話，可能是因為各位同學電腦內建喇叭問題，建議使用耳機即可解決此一問題。
> ➢ DVD光碟機請盡量避免讀取表面刮痕、盜版之光碟，以免增加光碟機雷射頭老化，導致DVD讀取失敗。

⊙ 產品服務對象

> ➢ 服務對象以購買學員個人為限。
> ➢ 教育機構與學校單位如欲播放及使用本影音光碟之內容，請與秀威資訊科技股份有限公司洽談播放與使用版權。
> ➢ 如有任何問題請以客服部電話：+886-2-2518-0207 或是使用電子信箱：service@showwe.com.tw 與本公司聯繫。

給學生的建議　　　1-6

⊙ 第二單元是教導同學認識民航特考以及如何準備民航特考。

⊙ 第三單元~第八單元雖然內容較短,也較簡單,卻是基本觀念。

> 建議各位同學在確實瞭解第三~八單元後,再行觀看後續單元。

⊙ 第九單元~第十一單元是民航特考考試中重點中的重點。

> 希望各位同學務必瞭解與熟記。

⊙ 第十二單元是考生在民航特考中求解計算題所常犯的錯誤。

> 希望同學特別注意。

秀威資訊　　　　　　　　　　　　　　　　　　Showwe Information CO., Ltd.

數位課程教材特色　　　1-7

⊙ 市面上第一套以民航特考「飛行原理」考古題為依據所編寫的數位課程教材。

⊙ 精心剪輯,扣除老師抄寫與整理黑(白)板的時間,讓同學可以輕輕鬆鬆用十數個小時達到傳統民航補習班的效果,並具有快速入門與考前衝刺的功效。

⊙ 特製以簡報所做成的精美記事本,讓學生能夠配合記事本觀看數位教材。

⊙ 針對文科學生學理不足之處做重點加強。

⊙ 在教材主要內容另外製作編號,方便同學搭配筆記本跟著數位教材進度學習。

秀威資訊　　　　　　　　　　　　　　　　　　Showwe Information CO., Ltd.

課程單元結束

秀威資訊
Showwe Information Co., Ltd.

Showwe Information CO., Ltd.

秀威資訊
Showwe Information Co., Ltd.

第②單元
民航特考考試導論

Showwe Information CO., Ltd.

版 權 聲 明

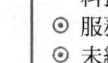

⊙ 本影音光碟圖文版權為秀威資訊
  科技股份有限公司所有。
⊙ 服務對象以購買學員個人為限。
⊙ 未經許可請勿翻制及上傳至其他
  影音平台，違者將追究其刑事與
  民事責任。
⊙ 教育機構與學校單位如欲播放及
  使用本影音光碟之內容，請與秀
  威資訊科技股份有限公司洽談播
  放與使用版權。
⊙ 如有任何問題請洽本公司客服部
  電子信箱：service@showwe.com.tw
  與電話：+886-2-2518-0207。

內容概要

⊙前言
⊙無法獲得佳績的主要原因
⊙閱卷老師的評分標準
⊙目前的考題的形式
⊙閱讀書籍的建議
⊙給考生的建議

前言　2-1

⊙ 在目前經濟不景氣的情況下，大學畢業學生薪資大概只有22K(甚至更低)。

⊙ 民航特考只須大學畢業，而且沒有科系的限制，受訓完畢，薪資加上工作加給以及其他福利大約年薪近百萬。工作十年的人員甚至可超過一百五十萬，甚至到達二百萬。

⊙ 民航特考的錄取率遠比一般公職考試大的多，根據調查，文科的學生的錄取率反而遠遠超過理科的學生。

為什麼民航特考報考與錄取的人員以文科的學生佔大部份？

薪資高與錄取率高，但是為什麼有許多學生連續考了好幾年，就是無法擠進民航特考的窄門？

考試無法獲得佳績的主要原因 `2-2`

⊙ 考生不清楚民航特考考試科目的獨特性
⊙ 考生的認知錯誤
⊙ 選錯補習班
⊙ 沒有解題前思考的習慣
⊙ 沒有參照書籍目錄閱讀的習慣
⊙ 無法做好時間管理
⊙ 無法掌握考試的特性

民航特考考試科目的獨特性 `2-3`

民航特考(三等考試)考試科目詳列表			
	飛航管制	航務管理	航空通信	飛航諮詢
一	國文（作文、公文與測驗）	國文（作文、公文與測驗）	國文（作文、公文與測驗）	國文（作文、公文與測驗）
二	英文	英文	英文	英文
三	法學知識（包括中華民國憲法、法學緒論）	法學知識（包括中華民國憲法、法學緒論）	法學知識（包括中華民國憲法、法學緒論）	法學知識（包括中華民國憲法、法學緒論）
四	英語會話	英語會話	英語會話	英語會話
五	民用航空法	民用航空法	民用航空法	民用航空法
六	航空氣象學	運輸學		航空氣象學
七	飛行原理	空氣動力學	計算機概論	
八			通信原理	資料處理

根據調查，可能錄取的考生在項目一～六的成績幾乎相差地不多，因此飛行原理或空氣動力學反而是決勝的關鍵點。

考生的認知錯誤 2-4

- ⊙ 認為準備「飛行原理」的考試科目就只要參考「飛行原理」的書籍與考古題,而準備「空氣動力學」就只要參考「空氣動力學」的書籍與考古題,而忽略了二者的共通性。
- ⊙ 認為只要理工科畢業的老師都能教「飛行原理」與「空氣動力學」,以致於被不良補習班騙取了大量的金錢以及耗費了大量時間,反而愈補愈大洞,從此遠離國考錄取之路。

事實上,在作者整理民航特考「飛行原理」與「空氣動力學」90~103年考題解答的過程以及民航局在102年所公布的民航特考的重點中,可以發現:

- ⊙ 準備「飛行原理」的考試科目必須同時參考坊間「飛行原理」與「航空發動機」的書籍。
- ⊙ 準備「空氣動力學」的考試科目必須同時參考坊間「飛行原理」與「空氣動力學」的書籍。
- ⊙ 此二項考試科目只有「飛機系」或「航空系」的學生才會上的課程,而且彼此具有共通性。

秀威資訊   Showwe Information CO., Ltd.

選錯補習班 2-5

⊙師資是否合格

- ➢ 教師是否是本科出身。
- ➢ 補習班是否經常性地更換授課教師。
- ➢ 教師是否同時兼任多種不同性質的課程。

⊙商譽是否良好

- ➢ 是否經常發生授課教師臨時更換的事件。
- ➢ 是否購買套餐後,卻不開課(主餐不上,副餐收錢)。
- ➢ 是否會將您個資外洩(甚至殃及家人)。

時間就是金錢,好的老師讓您上金榜,壞的老師讓您永住套房。

事前詳讀購物條文,免得花錢受氣又遭殃。

秀威資訊   Showwe Information CO., Ltd.

沒有解題前思考的習慣　2-6

- 一昧的死背考古題答案，卻不做解題前思考的動作，以致於一背就忘，一考就倒。
- 片面而無系統的學習，以致於考題稍加改變，就會舉手投降。

簡 單 舉 例

94年民航特考-航務管理「空氣動力學」考題

何謂襟翼？何謂前緣襟翼？其在飛機上主要用途為何？其原理為何？

102年民航特考飛航管制「飛行原理」考題

說明何謂高升力機翼，高升力機翼能增加飛行效能的原因何在？

103年民航特考飛航管制「飛行原理」考題

試說明民航機前緣襟翼對失速攻角的影響，及其對飛機飛行性能的影響。

參照書籍目錄閱讀的好處　2-7

- 能夠讓考生用系統性以及全面性的方式來準備考試。

- 能夠讓考生養成利用關鍵字做答的能力。

- 能夠讓考生掌握出題的重點以及考古題衍生的方向。

無法做好時間管理 `2-8`

- 時間就是金錢，在這裡的「時間」指的是「準備時間」以及「考試時間」。
- 國考的準備時間只有一年，如果不能做「有系統」與「有效率」的學習，根本讀不完。
- 考試得分=正確×速度，如果不能養成「利用關鍵字做答」的能力，掌握重點做答，根本寫不完。

秀威資訊　Showwe Information CO., Ltd.

飛行原理及空氣動力學的考試特性 `2-9`

- 互通性：飛行原理與空氣動力學的考古題彼此具有互通性。
- 脈絡性：飛行原理及空氣動力學的考題每年有60%~80%，甚至更多是從飛航管制與航空駕駛「飛行原理」以及航務管理「空氣動力學」的考古題衍生出來的。
- 邏輯性：飛行原理及空氣動力學的考題的重點都和飛機構造、飛機設計原則以及飛行安全有關，考題著重在觀念的了解、飛行現象的解釋以及簡單的計算。

秀威資訊　Showwe Information CO., Ltd.

舉例說明(一)　　　　　2-10

103年民航特考-飛航管制人員「飛行原理」考題

- ⊙ 第一題
  - ➤ 92年民航考試-航空駕駛「飛行原理」考題與基本觀念的衍生題。
- ⊙ 第二題
  - ➤ 94年民航考試-航空駕駛「飛行原理」考古題
  - ➤ 94年民航特考-航務管理「空氣動力學」考古題
  - ➤ 102年民航特考-飛航管制「飛行原理」考古題
- ⊙ 第三題
  - ➤ 101年民航考試-航空駕駛「飛行原理」考古題
- ⊙ 第四題
  - ➤ 92年民航考試-航空駕駛「飛行原理」考古題
  - ➤ 航空發動機基本構造與觀念
- ⊙ 第五題
  - ➤ 航空基本觀念。
  - ➤ 飛航管制與航空駕駛「飛行原理」以及航務管理「空氣動力學」必考的觀念題。

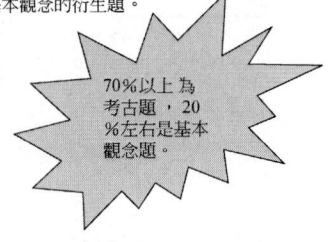

70%以上 為考古題，20%左右是基本觀念題。

舉例說明(二)　　　　　2-11

103年民航特考-航務管理人員「空氣動力學」考題

- ⊙ 第一題
  - ➤ 98年民航考試-航空駕駛「飛行原理」考古題
  - ➤ 97年民航特考-航務管理「空氣動力學」考古題
- ⊙ 第二題
  - ➤ 95年與102年民航特考-航務管理「空氣動力學」考古題
  - ➤ 95年年民航考試-航空駕駛「飛行原理」考題
- ⊙ 第三題
  - ➤ 92年與99年民航考試-航空駕駛「飛行原理」考古題
  - ➤ 101年民航特考-航務管理「空氣動力學」考題
- ⊙ 第四題
  - ➤ 100年民航特考-航務管理「空氣動力學」考古題
  - ➤ 95年民航考試-航空駕駛「飛行原理」考題
- ⊙ 第五題
  - ➤ 97年與98年民航特考-航務管理「空氣動力學」考古題

90%~100 % 為考古題。

舉例說明（三）邏輯錯誤所產生的影響 `2-12`

98年民航特考-航務管理「空氣動力學」考古題

試說明為何近代高性能民航機的巡航速度多設定在穿音速（Transonic Speed）區間？

某知名民航補習班解答

因為飛機會產生震波，其空氣阻力會驟增。在此速度區域飛行會消耗大量燃油，並且會影響飛行安全及存在噪音問題，所以在穿音速飛行。

明知山有虎，偏向虎山行。

網路郭先生部落格解答

會講「穿音速」的人都是標新立異，事實上，穿音速是不存在的。

我不承認「穿音速」現象的存在，題目出錯，應該送分。

舉例說明（四）觀念錯誤所產生的影響 `2-13`

項次	來　源 （民航補習班及網路解答）	實際情況
一	民航機的最大爬升角可達到90°。	101年阿富汗貨機與104年亞航客機墜毀事件的主因。
二	會講「穿音速」的人都是標新立異。	101年阿富汗貨機與102年馬亞航客機墜毀事件時新聞報導與關鍵時刻的探討。
三	提升螺旋槳效率是增加螺旋槳的轉速。	103年年底民航駕訓班失事造成四死三傷的主因。
四	超臨界翼型是高升力機翼。	⊙ 超臨界翼型的缺點之一是造成升力減少。 ⊙ 103年考題重考。

有的觀念是基本觀念，甚至會影響飛航安全，一旦寫入，就不可能有分。

閱卷老師的評分標準　　　　　2-14

目前的考題的形式　　　　　2-15

⊙ 名詞解釋

⊙ 申論題

⊙ 簡易計算

⊙ 綜合題

⊙ 時勢題

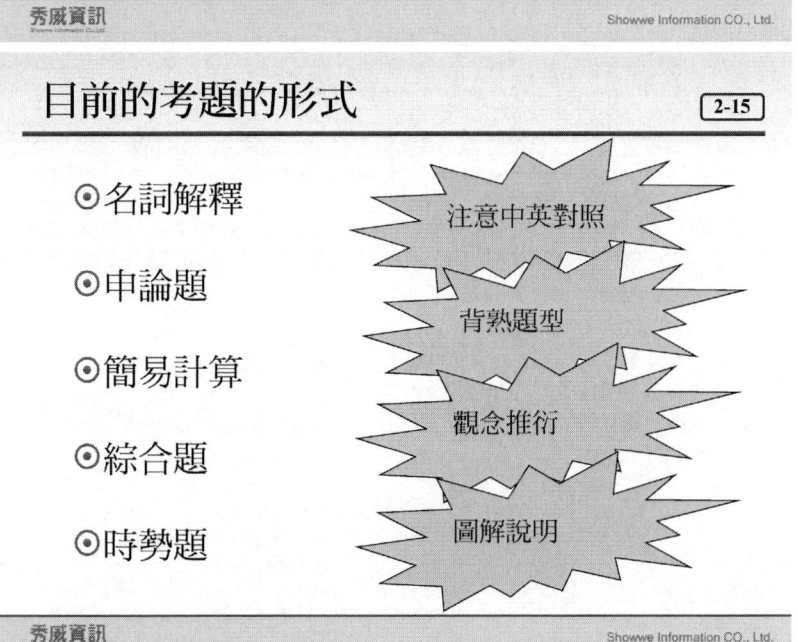

閱讀書籍的建議 2-16

市面書的分類

- ⊙ 原理書-以教學和研究為導向。
- ⊙ 考用書-以就業和考試為導向。
- ⊙ 考前衝刺書(考試重點整理)-初步認知與考前衝刺。
- ⊙ 入門書- 以小說的方式閱讀增加額外知識。

時間就是金錢,您要怎樣選書及準備?

秀威資訊 Showwe Information CO., Ltd.

準備「飛行原理」的考試科目 2-17

- ⊙ 先初步瀏覽「飛行原理重點整理及歷年考題詳解」的重點整理(不做考古題),或先看影音教材,瞭解民航特考-飛行原理大致的考試內容。
- ⊙ 配合影音教材、「航空工程概論與解析」以及「圖解式飛航原理簡易入門小百科」依序看完「飛行原理重點整理及歷年考題詳解」的考古題與「空氣動力學重點整理及歷年考題詳解」的問答題與名詞解釋之考古題。
- ⊙ 看完102年~103年飛行原理及空氣動力學考題解析。
- ⊙ 行有餘力,再依序看完「民用航空發動機概論(圖解式活塞與渦輪噴射發動機入門)」與「活塞式飛機的動力裝置」二本書籍。
- ⊙ 考前一個月則配合影音教材,利用「飛行原理重點整理及歷年考題詳解」做重點衝刺。

書是看不完的,注重時間管理,別忘了您有七科要準備。

秀威資訊 Showwe Information CO., Ltd.

準備「空氣動力學」的考試科目　2-18

- ⊙ 先初步瀏覽「空氣動力學重點整理及歷年考題詳解」的重點整理(不做考古題)，或先看影音教材，瞭解民航特考-飛行原理大致的考試內容。
- ⊙ 先配合影音教材、「航空工程概論與解析」以及「圖解式飛航原理簡易入門小百科」先看完秀威資訊公司所出版的「飛行原理重點整理及歷年考題詳解」的考古題(航空發動機部份不看)。
- ⊙ 看完102年~103年飛行原理及空氣動力學考題解析。
- ⊙ 再配合「空氣動力學概論與解析」看完「空氣動力學重點整理及歷年考題詳解」。
- ⊙ 考前一個月則配合影音教材，利用「空氣動力學重點整理及歷年考題詳解」做重點衝刺。

給考生的建議　2-19

⊙有效的分配時間

⊙以考試為目的(以考古題收斂考試範圍)

⊙注重基本觀念的釐清

⊙注意讀書的順序

⊙有系統及有方法式地去練習考古題。

課程單元結束

秀威資訊
Showwe Information CO., Ltd.

秀威資訊
Showwe Information Co.,Ltd.

第③單元
飛航基本觀念

Showwe Information CO., Ltd.

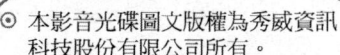

版　權　聲　明

- 本影音光碟圖文版權為秀威資訊科技股份有限公司所有。
- 服務對象以購買學員個人為限。
- 未經許可請勿翻制及上傳至其他影音平台，違者將追究其刑事與民事責任。
- 教育機構與學校單位如欲播放及使用本影音光碟之內容，請與秀威資訊科技股份有限公司洽談播放與使用版權。
- 如有任何問題請洽本公司客服部電子信箱：service@showwe.com.tw 與電話：+886-2-2518-0207。

秀威資訊
Showwe Information Co.,Ltd.

Showwe Information CO., Ltd.

內容概要

- ⊙教學目的與參考書籍
- ⊙航空器的分類與發展史
- ⊙飛機的運動
- ⊙飛機的機體結構
- ⊙流體的特性
- ⊙音速與馬赫數

參考資料 [3-1]

- ⊙秀威公司出版-圖解式飛航原理簡易入門小百科
  [第一章] 與 [第二章]
- ⊙秀威公司出版-航空工程概論與解析
  [第一章]

前言 3-2

本單元內容是主要築基課程，惟有對本
單元的內容有充份的瞭解，才能夠明白
後續各個單元所介紹的飛機飛行的各種
原理與現象以及掌握考試的趨勢。

航空器的定義 3-3

- ⊙航空器的定義：所謂航空器是指在大氣層內飛行的器械(飛行器)，任何航空器都必須產生一個大於自身重量的向上力，才能升入空中。
- ⊙航空器的分類：根據產生航空器升入空中力量的基本原理的不同，航空器可區分為兩大類：輕於空氣的航空器和重於空氣的航空器。

秀威資訊　Showwe Information CO., Ltd.

航空器的分類　3-4

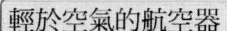
輕於空氣的航空器

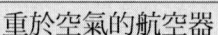
重於空氣的航空器

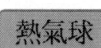
熱氣球

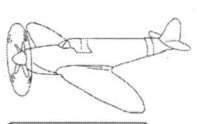
活塞式飛機

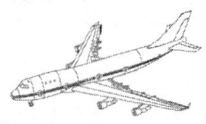
後掠翼(中長程)客機

飛艇

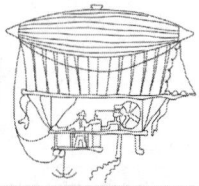

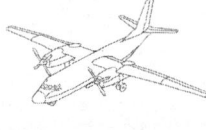
渦輪螺旋槳飛機

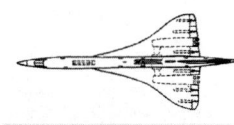
超音速客機 (協合號)

秀威資訊
Showwe Information Co.,Ltd.

Showwe Information CO., Ltd.

熱氣球和飛艇的載重 3-5

 與

⊙計算原理

熱氣球的載重=熱氣球所受的浮力-熱氣球內部氣體的重量

⊙計算公式

$$載重 = \rho_{air,外}Vg - \rho_{air,內}Vg$$

秀威資訊
Showwe Information CO., Ltd.

民航機的發展史 3-6

活塞式飛機

3-7

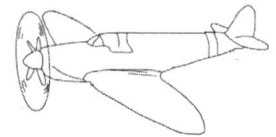

低速飛行(0.1~0.5倍音速)

輕、小型飛機

考試重點

⊙ 飛機發明人-萊特兄弟。

> 發現了增加升力的原理以及飛機控制系統,為飛機的實用化奠定了基礎。

⊙ 中國航空之父-馮如(東方的萊特)

⊙ 活塞式飛機的優缺點。

渦輪螺旋槳飛機 〔3-8〕

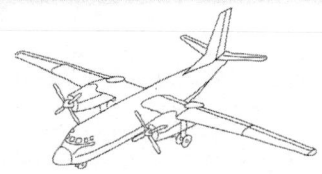

中速飛行(0.6~0.7倍音速)

民航支線飛機與運輸機

考試重點

⊙ 螺旋槳飛機速度受限的原因

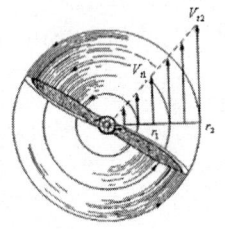

$$V_t = r\omega$$
$$r_2 > r_1 \implies V_{t2} > V_{t1}$$

秀威資訊
Showwe Information Co.,Ltd.

Showwe Information CO., Ltd.

中長程民航客機

高次音速飛行(0.8~0.9倍音速)

中長程民航客機

考試重點

⊙ 音障與震波的定義與影響。
⊙ 飛機氣動力外型的變革-後掠機翼。
⊙ 臨界馬赫數的定義。

秀威資訊
Showwe Information CO., Ltd.

超音速客機（協合號） 3-10

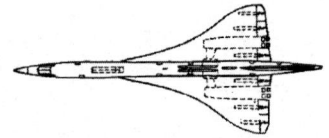

超音速飛行(2.0倍音速)

超音速客機(已停產)

考試重點

⊙ 飛機氣動力外型的變革-細腰機身與三角翼機翼。
⊙ 停產的原因-成本過高與噪音過大。

秀威資訊　Showwe Information CO., Ltd.

民航機的發展史注意重點 `3-11`

活塞式飛機 ⇨ 渦輪螺旋槳飛機 ⇨ 後掠翼(中長程)客機 ⇨ 超音速客機 (協合號)

萊特兄弟	螺旋槳失速	穿音速狀態	氣動力外型的特性
		後掠翼機翼	
		臨界馬赫數	

秀威資訊　　　　　　　　　　Showwe Information CO., Ltd.

飛機的運動(一) `3-12`

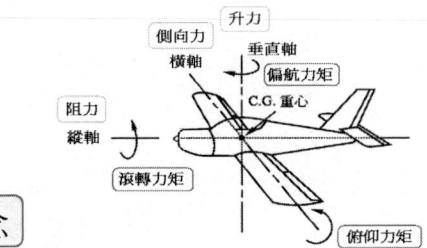

基本觀念

- 在航空界我們將飛機的運動視為沿著飛機軸的移動與繞著飛機軸的轉動。
- 飛機產生運動的原因-受力不平衡。

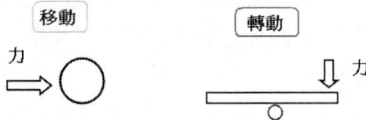

秀威資訊　Showwe Information CO., Ltd.

飛機的運動（二）

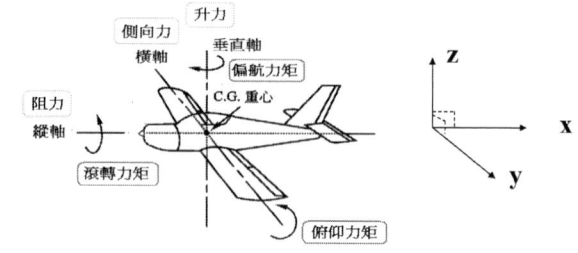

考試重點

⊙ 縱軸、側軸與垂直軸的定義。

⊙ 俯仰、偏航以及滾轉的定義。

⊙ 俯仰力矩、偏航力矩以及滾轉力矩的定義。

⊙ 六個自由度的定義。

秀威資訊
Showwe Information CO., Ltd.

飛機的機體結構 [3-14]

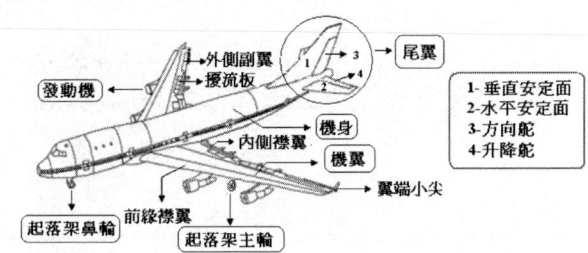

⊙ 在圖中，飛機各部份名稱必須要記牢(特別是尾翼的部份)。

⊙ 飛機的的組成(五大元件)-機翼、機身、發動機、起落架與尾翼。

⊙ 飛機的主要控制面。

⊙ 尾翼的組成與功用。

⊙ 襟翼的主要功用。

秀威資訊　　　　　　　　　　　　　　　　　Showwe Information CO., Ltd.

流體的的特性 `3-15`

飛機飛行的工作流體為空氣，我們要了解飛機飛行時的性質變化情形，首先必須知道飛機飛行的壓力、密度、溫度、速度以及其它性質的定義，說明如後。

壓力（P）

⊙ 壓力的定義：為單位面積上的所受到的正向力(垂直力)。

考試重點

⊙ 絕對壓力：以壓力絕對零值（絕對真空）為基準所量度的壓力。
⊙ 相對壓力：以當地(local)的大氣壓力為基準所量度的壓力，又稱為錶示壓力(gage pressure)。
⊙ 絕對壓力與相對壓力的關係

> 絕對壓力 = 大氣壓力 +相對(錶示)壓力

⊙ 帕斯卡原理的定義、計算與應用

帕斯卡原理 3-17

⊙ 帕斯卡原理的定義：對密閉容器施加壓力，壓力會傳遞到容器的每一個位置，且不論在任何方向，壓力都相同。

計算公式

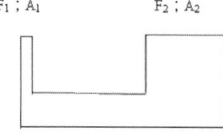

$$\frac{F_1}{A_1} = \frac{F_2}{A_2}$$

應用(液壓千斤頂的原理)

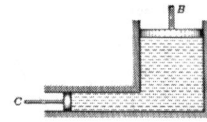

$$\frac{F_B}{A_B} = \frac{F_C}{A_C}$$

秀威資訊　　　　　　　　　　　　　Showwe Information CO., Ltd.

溫度（T）

⊙ 溫度的定義：用來衡量物體冷熱程度的特性參數。

考試重點

⊙ 攝氏溫度與華氏溫度的換算

$$^0F = \frac{9}{5} \times {}^0C + 32$$

⊙ 絕對溫度與攝氏溫度和與華氏溫度的轉換關係

⊙ 公制　　　　　　　　　　英制

$$K = {}^0C + 273.15 \qquad {}^0R = {}^0F + 459.67$$

在民航特考飛行原理或空氣動力學的計算公式中，所使用的溫度都是絕對溫度，這點同學必須特別注意。

密度（ρ）

3-19

- ⊙ 質量的定義：用來衡量惰性效應的物理量。 $\boxed{m = \dfrac{W}{g}}$

- ⊙ 密度的定義：單位體積內的質量。 $\boxed{\rho = \dfrac{m}{V}}$

- ⊙ 比容的定義：單位質量內的體積。 $\boxed{v = \dfrac{V}{m}}$

考試重點

- ⊙ 重量和密度的關係。

- ⊙ 質量和密度的關係。

- ⊙ 比容和密度的關係。

- ⊙ 氣體可壓縮性或不可壓縮性的定義。

秀威資訊　Showwe Information Co., Ltd.

黏滯性 `3-20`

⊙ 黏滯性的定義：物體在流體中運動時，流體會產生一阻滯物體運動的力，我們稱之為黏滯性。這也是飛機飛行時摩擦阻力的由來。

考試重點

⊙ 飛機在靜止時是否有黏滯性 。
⊙ 飛機在運動時是否有黏滯性 。
⊙ 絕對黏度的定義。
⊙ 運動黏度的定義。
⊙ 雷諾數的定義與物理意義。

秀威資訊

Showwe Information CO., Ltd.

音速與馬赫數 3-21

⊙ 音速的定義：聲音傳播的速度 $a = \sqrt{rRT}$

> 在地面的音速約等於340m/s，在離地10公里的音速約等於300m/s。

⊙ 馬赫數的定義：速度對音速的比值。 $M_a = \dfrac{V}{a}$

> 在航空界，我們通常用馬赫數來表示飛機飛行的速度。

考試重點

⊙ 音速公式的證明。

⊙ 飛機飛行速度區間的劃分。

⊙ 次音速流、穿音速流與超音速流的意義。

⊙ 氣體可壓縮性或不可壓縮性的判定。

秀威資訊 Showwe Information CO., Ltd.

課程單元結束

秀威資訊
Showwe Information Co.,Ltd.

Showwe Information CO., Ltd.

秀威資訊
Showwe Information Co., Ltd.

第④單元
飛機的飛行環境

Showwe Information CO., Ltd.

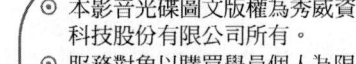

秀威資訊
Showwe Information CO., Ltd.

內容概要

- ⊙教學目的與參考書籍
- ⊙飛機的飛行環境
- ⊙對流層與同溫層的特性
- ⊙大型客機飛行高度的考慮因素
- ⊙對流層與同溫層的性質變化計算
- ⊙飛行環境的氣流特性

參考資料 $\boxed{4\text{-}1}$

- ⊙秀威公司出版-航空工程概論與解析
  $\boxed{第二章}$
- ⊙秀威公司出版-圖解式飛航原理簡易入門小百科
  $\boxed{第四章}$

前言

我們知道飛機飛行的環境在大氣層，大
氣層的特性決定民航機的活動範圍，也
會影響民航機的飛行性能，更會影響民
航機飛行的穩定性與安全性，所以才會
被列入民航特考飛行原理與空氣動力學
的考試重點。

秀威資訊 Showwe Information CO., Ltd.

飛機的飛行環境 4-3

- ⊙ 飛機飛行環境的定義：飛機在大氣層內飛行時所處的環境條件(例如空氣密度、溫度以及壓力等性質變化)，我們稱之為飛機的飛行環境。
- ⊙ 飛機活動的範圍主要是在離地面約25公里以下的大氣層內，也就是在對流層和同溫層之間，這一特點決定了飛機的設計內容、技術和研究的方向。
- ⊙ 目前就大型民航客機而言，它的巡航高度大概在10公里處左右飛行(也就是同溫層底部或對流層頂端的地方)。

考試重點

- ⊙ 對流層與同溫層的特性。
- ⊙ 大型民航客機的飛行高度大概在10公里的原因。
- ⊙ 對流層與同溫層的性質計算。
- ⊙ 大氣性質的變化。

秀威資訊　　　　　　　　　　　　　　　　Showwe Information CO., Ltd.

對流層與同溫層的特性(一)　　4-4

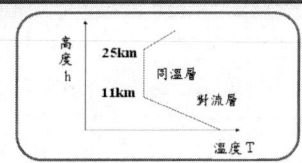

對流層的特性

⊙ 對流層的區域範圍大概是由地表(或海平面)至高度10~11公里處。
⊙ 在對流層的區域範圍內，大氣溫度會隨高度成直線遞減，風向和風速經常變化；空氣上下對流劇烈；有雲、雨、霧、雪等天氣現象，飛行中所遇到的各種重要天氣現象，如雷暴、濃霧、低雲幕、雪、雹、大氣湍流以及風切變等惡劣氣候，幾乎都出現在這一層。

> 氣流不穩定與惡劣氣候嚴重影響飛機的飛行性能與飛行安全，這就是大型民航客機的飛行高度大概在10公里的原因。

同溫層的特性

⊙ 同溫層的區域範圍大概由地表(或海平面) 10~11公里至25公里處。
⊙ 氣流平穩，基本沒有上下對流。

秀威資訊　　　　　　　　　　　　　　　　　Showwe Information CO., Ltd.

對流層與同溫層的特性(二) `4-5`

⊙ 一般人會認為對流層的區域範圍是固定不變的,但是在實際上,對流層的厚度會隨著季節和緯度的變化而改變。

⊙ 對流層的區域範圍可分成下、中、上三層,各層的特性變化會嚴重影響飛機的飛行性能與飛機的飛行安全,向來是航空氣象學與飛行原理的考試重點。

⊙ 詳細內容請同學自行參閱秀威公司所出版-圖解式飛航原理簡易入門小百科一書的第四章內容。

秀威資訊　　　　　　　　　　　　　Showwe Information CO., Ltd.

大型客機飛行高度的考慮因素 4-6

目前大型客機的飛行高度大概在10公里處巡航的主要原因

能見度高	在同溫層內，大氣所蘊涵的水氣、懸浮顆粒與雜質少，天氣較晴朗，光線比較好，能見度較高。
受力穩定	在同溫層內，氣流的運動主要是以水平方向流動，大氣不對流，飛機受力較穩定，飛行員較易操縱駕駛。
噪音污染小	同溫層距地面較高，飛機絕大部分時間在其中飛行，對地面的噪音污染相對較小。
安全係數高	飛鳥飛行的高度一般達不到同溫層，飛機在同溫層中飛行會較安全。但是在起飛和著陸時，必須設法驅離飛鳥，藉以維護飛航安全。
飛行較省油	在同溫層飛行，空氣密度小，因此飛機所受到的阻力較小，所以較省油。

秀威資訊
Showwe Information Co., Ltd.

Showwe Information CO., Ltd.

對流層與同溫層的性質變化計算 [4-7]

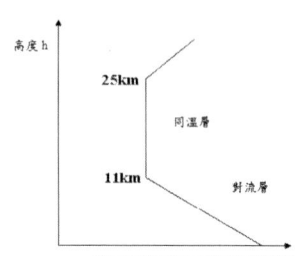

高度 h

25km

同溫層

11km

對流層

解題要訣

⊙ 記熟海平面的溫度、壓力以及密度。
⊙ 記熟計算公式。
⊙ 必須分層計算。

	溫度	壓力	密度
對流層 （0~11km）	$T = T_1 + \alpha(h - h_1)$	$\dfrac{P}{P_1} = \left(\dfrac{T}{T_1}\right)^{-\frac{g_0}{\alpha R}}$	$\dfrac{\rho}{\rho_1} = \left(\dfrac{T}{T_1}\right)^{-\left(\frac{g_0}{\alpha R}+1\right)}$
平流層 （11~25km）	T=constant	$\dfrac{P}{P_1} = e^{-\frac{g_0}{RT}(h-h_1)}$	$\dfrac{\rho}{\rho_1} = e^{-\frac{g_0}{RT}(h-h_1)}$

秀威資訊 Showwe Information CO., Ltd.

飛行環境的氣流特性 4-8

穩定性

- 假設空氣流動時，氣流流場在各點的參數(壓力、密度以及溫度)不會隨著時間的改變而改變，我們稱此氣流為穩定氣流。
- 層流流場可視為穩定氣流，紊流流場則被視為不穩定氣流，機翼後緣產生紊流，則會導致飛機失速現象發生。

壓縮性

- 所謂壓縮性是氣流密度變化的程度，在極低速(氣流的流速小於0.3音速時)，我們可以將假設流體流場的密度變化忽略不計。
- 這就是我們耳熟能詳的「不可壓縮流場」的假設。

課程單元結束

秀威資訊
Showwe Information CO., Ltd.

秀威資訊
Showwe Information Co., Ltd.

第⑤單元
基本的空氣動力學

Showwe Information CO., Ltd.

版 權 聲 明

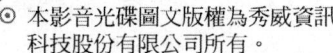

秀威資訊
Showwe Information Co., Ltd.

Showwe Information CO., Ltd.

內容概要

- ⊙ 教學目的與參考書籍
- ⊙ 常用假設
- ⊙ 柏努利方程式
- ⊙ 質量守恆定律或流量公式
- ⊙ 理想氣體方程式
- ⊙ 音速與馬赫數
- ⊙ 飛機飛行的速度區間
- ⊙ 飛機避免音障(震波)影響的方法
- ⊙ 牛頓三大定律

秀威資訊　　　　　　　　　　　　　Showwe Information CO., Ltd.

參考資料　　　　5-1

- ⊙ 秀威公司出版-航空工程概論與解析
  第三章

- ⊙ 秀威公司出版-圖解式飛航原理簡易入門小百科
  第三章

秀威資訊　　　　　　　　　　　　　Showwe Information CO., Ltd.

前言 5-2

本單元主要是讓同學瞭解空氣動力學的
基本原理，以便讓同學解釋在民航特考
中飛行原理考題中所考的各種現象以及
能夠做簡單的計算。

秀威資訊
Showwe Information Co.,Ltd.
Showwe Information CO., Ltd.

常用假設(一)

在求解飛機飛行(空氣動力學)的問題時,往往會設定許多假設來簡化問題。

穩態流場

- ⊙ 假設空氣在流動時,空間各點上的參數(壓力、密度以及溫度)不隨時間而變,我們稱此氣流為穩態氣流。
- ⊙ 層流可視為穩態氣流,紊流則不可以視為穩態氣流,機翼後緣產生紊流會導致飛機失速現象發生,而導致飛機失事。
- ⊙ 判別條件:雷諾數。

非黏滯性流場

- ⊙ 假設流體流場(空氣流場)的黏滯性忽略不計。
- ⊙ 邊界層效應及飛機在飛行時摩擦阻力不存在。

常用假設(二)

5-4

不可壓縮流場

- ⊙ 假設空氣密度的變化忽略不計，也就是密度等於常數。
- ⊙ 忽略了熱脹冷縮以及速度所造成的影響。
- ⊙ 判別條件：馬赫數。

考試重點

- ⊙ 雷諾數的定義與物理意義。
- ⊙ 臨界雷諾數的定義。
- ⊙ 非黏滯性流場是否存在-事實上不存在。
- ⊙ 不可壓縮流的判定。
- ⊙ 音速的計算。

雷諾數 5-5

- 雷諾數的定義 $R_e = \dfrac{\rho VL}{\mu} = \dfrac{VL}{\upsilon}$
- 雷諾數的物理意義：慣性力對黏滯力的比值。
- 臨界雷諾數的定義：臨界雷諾數 是指層流與紊流的界限點。

考試重點

高爾夫球的設計原理。

秀威資訊　　　　　　　　　　　　　　Showwe Information CO., Ltd.

不可壓縮流的判定 5-6

判定條件	$M_a \equiv \dfrac{V}{a} < 0.3$

音速公式	$a = \sqrt{rRT}$

舉例

一架飛機以時速700公里（km/hr）在高度為10公里（km）處進行巡航飛行。若機身外面空氣量得的溫度為223.26 K，壓力為2.65 × 10^4 N/m²，密度為0.04135 kg/m³。已知氣體常數為287 m²/sec²K。試計算在此高度的聲音速度，而此時飛機的飛行馬赫數為多少？是否可視為不可壓縮流？

解題注意事項

速度單位轉換(km/hr必須換為m/s)。

秀威資訊　Showwe Information CO., Ltd.

柏努利方程式

目的

求解飛機在低速飛行(不可壓縮流)時，壓力與速度的關係。

假設

穩態、無摩擦與不可壓縮

公式

$$P_1 + \frac{1}{2}\rho V_1'^2 = P_2 + \frac{1}{2}\rho V_2'^2 = constant$$ 或 $$P + \frac{1}{2}\rho V'^2 = P_t$$

考試重點

⊙ 柏努利方程式假設的適用性。
⊙ 柏努利方程式的物理意義。
⊙ 柏努利方程式的應用。

柏努利方程式的應用 　　5-8

應用一　　升力產生的原理

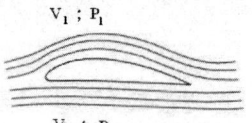

$V_1 \, ; \, P_1$

$V_2 \, ; \, P_2$

$V_1 > V_2$

$P_2 > P_1$

應用二　　空速管的原理

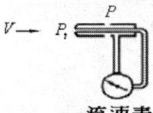

$V \rightarrow \quad P_t \quad P$

流速表

$$P + \frac{1}{2}\rho V^2 = P_t \Rightarrow V = \sqrt{\frac{2(P_t - P)}{\rho}}$$

應用三　　控制面的原理

質量守恆定律或流量公式

目的

求解飛機在風洞測試時，密度、面積與速度的關係。

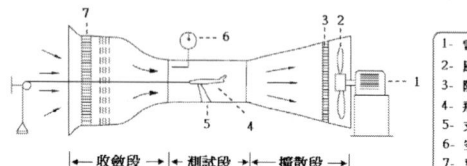

|←— 收斂段 —→|←— 測試段 —→|←— 擴散段 —→|

1- 電動機
2- 風扇
3- 防護網
4- 飛機模型
5- 支架
6- 空速表
7- 整流格

公式　　連續方程式

可壓縮流場　　$\rho_1 A_1 V_1 = \rho_2 A_2 V_2$

不可壓縮流場　　$A_1 V_1 = A_2 V_2$

秀威資訊　　　　　　　　　　　　　Showwe Information CO., Ltd.

理想氣體方程式 5-10

目的 | 求解飛機在飛行時，壓力、溫度與密度間的關係。

假設 | 氣體在高溫、低壓以及分子量非常小的情況下，以致於氣體的壓力、溫度與密度之間的關係滿足 $P = \rho RT$。

飛機在飛行速度大於5倍音速左右時不適用。

公式 | $P = \rho RT$ 或 $Pv = RT$ 或 $PV = mRT$

考試重點

⊙ 理想氣體方程式三個公式間的彼此證明。
⊙ 音速公式的證明。
⊙ 理想氣體方程式的計算。

理想氣體方程式的計算與證明　　5-11

計算

假設在理想氣體的條件下，空氣的溫度為10^0C，壓力為100kPa，請計算空氣密度為何？

解答

$$P = \rho RT \Rightarrow \rho = \frac{100 \times 10^3}{287 \times (273.15 + 10)} = 1.23 kg/m^3$$

解題注意事項

⊙ 公式所使用的溫度是絕對溫度。
⊙ 1kPa=1000Pa
⊙ 空氣的氣體常數為$R=287 \ m^2/sec^2K$

證明　試由$Pv = RT$，證明$P = \rho RT$

秀威資訊
Showwe Information CO., Ltd.

音速與馬赫數

⊙ 音速的公式：聲音傳播的速度　　$a = \sqrt{rRT}$

在地面的音速約等於340m/s，在離地10公里的音速約等於300m/s。

⊙ 馬赫數的定義：速度對音速的比值。　　$M_a = \dfrac{V}{a}$

在航空界，我們通常用馬赫數來表示飛機飛行的速度。

考試重點

⊙ 音速公式的證明。

⊙ 飛機飛行速度區間的劃分。

⊙ 次音速流、穿音速流與超音速流的意義 。

⊙ 氣體可壓縮性或不可壓縮性的判定。

秀威資訊　　　　　　　　　　　　　　　Showwe Information CO., Ltd.

音速公式的證明與計算 5-13

⊙ 音速的公式 $a = \sqrt{rRT}$

證明

因為 $a = \sqrt{(\frac{\partial P}{\partial \rho})_s} = \sqrt{\gamma(\frac{\partial P}{\partial \rho})_T}$ ，且因為理想氣體方程式 $P = \rho RT$ ，所以 $\left.\frac{\partial P}{\partial \rho}\right|_T = RT$ ，因此 $a \equiv \sqrt{r\left.\frac{\partial P}{\partial \rho}\right|_T} \Rightarrow a = \sqrt{rRT}$ ，故得證。

計算

假設空氣在常溫之下為15℃，$\gamma = 1.4$，請計算此時的聲音速度為何？

解答 $a = \sqrt{\gamma RT} = \sqrt{1.4 \times 287 \times (15 + 273.15)} = 340.26(m/s)$

公式所使用的溫度是絕對溫度。

飛機飛行的速度區間　　　5-14

> 舊有民航機為避免飛機在穿音速狀態飛行，所以空氣動力學家把飛行的速度區間定義為

$0 < M_a < 0.75$	次音速	0.75為臨界馬赫數。
$0.75 < M_a < 1.2$	穿音速	飛機飛行會產生音障。
$1.2 < M_a$	超音速	

考試重點

⊙ 臨界馬赫數。
⊙ 穿音速流場中，機翼面的空氣動力特性為何？
⊙ 避免音障的方法。

秀威資訊　　　　　　　　　　　　　　　　　Showwe Information CO., Ltd.

臨界馬赫數　5-15

- ⊙ 音障的定義：飛機飛行接近音速時，壓迫空氣而產生震波，導致阻力急遽增大的一種物理現象。
- ⊙ 臨界馬赫數的定義：飛機飛行接近音速時，上翼面的速度到達音速的臨界值，此時飛機飛行的馬赫數稱之為臨界馬赫數。

現代民航機延遲臨界馬赫數的方法

- ⊙ 後掠翼機翼：利用後掠翼可以使機翼的臨界馬赫數增加到 0.87左右。
- ⊙ 超臨界翼型機翼：利用超臨界翼型機翼可以使飛機機翼的臨界馬赫數增加到0.96左右，而且可以消彌機翼上曲面局部超音速現象。

試題比較

- ⊙ 為何現代民航機可以在穿音速速度區飛行
- ⊙ 為何現代民航機可以在馬赫數0.8～0.9之間

二者答案是一樣嗎？

穿音速流場的空氣動力特性 5-16

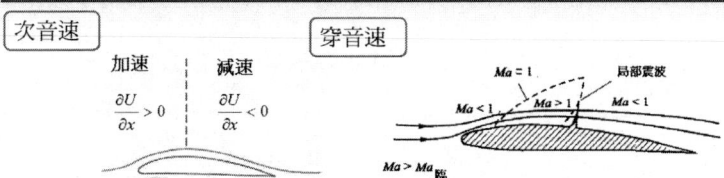

次音速　　　　　　　　穿音速

加速　　　減速

$\frac{\partial U}{\partial x} > 0$　　$\frac{\partial U}{\partial x} < 0$

$Ma = 1$　局部震波
$Ma < 1$　$Ma > 1$　$Ma < 1$
$Ma > Ma_{臨界}$

當飛機飛行的速度在到達臨界馬赫數時，因為機翼上表面前方的加速性以及氣流超過音速產生震波的減速現象，所以通常飛機飛行在接近(小於)音速時(飛機到達臨界馬赫數時)，飛機機翼上表面的速度就會超過音速，因而產生震波，空氣氣流在通過震波後，氣流又降為次音速。此種流場，我們稱之為穿音速流場。因為流場混合的緣故，在穿(跨)音速流區域，飛機會產生強烈的振動，嚴重時在機翼的後方會產生流體分離，甚至曾經出現過機毀人亡的事故。

秀威資訊　Showwe Information CO., Ltd.

試題說明

- ⊙ 試說明為何近代高性能民航機的巡航速度多設定在穿音速（Transonic Speed）區間？

- ⊙ 試說明為何近代高性能民航機的巡航速度多設定馬赫數 0.8～0.9 之間？

- ⊙ 試說明民航機的巡航速度與臨界馬赫數之間的關係？

秀威資訊　　　　　　　　　　　　　　　Showwe Information CO., Ltd.

飛機避免音障(震波)影響的方法　5-18

高性能次音速飛機

超音速飛機(協和號)

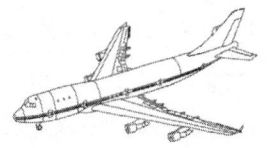
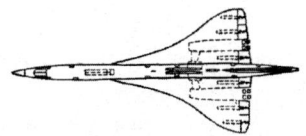

採用後掠機翼，延遲飛機飛行的臨界馬赫數。

採用三角翼機翼以及細長流線型的細腰機身，快速地通過穿音速流區域。

牛頓三大定律 [5-19]

是研究飛機飛行平衡、飛行速度以及飛機加速度問題的基本知識。

牛頓第一運動定律

⊙ 又稱為慣性定律。
⊙ 如果一個物體所受到外力為0時，則物體的加速度為0，也就是靜者恆靜，動者恆做等速度直線運動。

牛頓第二運動定律

⊙ 又稱為作用力與加速度定律。
⊙ $\vec{F} = m\vec{a}$。

牛頓第三運動定律

⊙ 又稱為作用力與反作用力定律。
⊙ 兩質點間的作用力和反作用力，大小相等、方向相反、且作用在同一直線上。

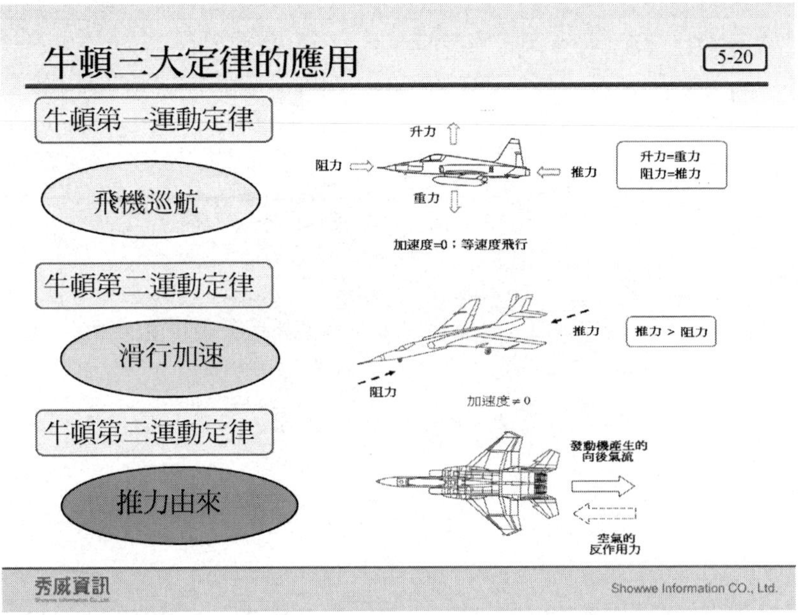

牛頓三大定律的應用

5-20

牛頓第一運動定律

飛機巡航

升力=重力
阻力=推力

升力　阻力　推力　重力

加速度=0；等速度飛行

牛頓第二運動定律

滑行加速

推力 > 阻力

推力　阻力　加速度 ≠ 0

牛頓第三運動定律

推力由來

發動機產生的向後氣流

空氣的反作用力

秀威資訊　Showwe Information Co.,Ltd.　Showwe Information CO., Ltd.

課程單元結束

秀威資訊
Showwe Information Co.,Ltd.

Showwe Information CO., Ltd.

秀威資訊
Showwe Information Co.,Ltd.

第⑥單元
機翼概論

Showwe Information CO., Ltd.

版　權　聲　明

- 本影音光碟圖文版權為秀威資訊科技股份有限公司所有。
- 服務對象以購買學員個人為限。
- 未經許可請勿翻制及上傳至其他影音平台，違者將追究其刑事與民事責任。
- 教育機構與學校單位如欲播放及使用本影音光碟之內容，請與秀威資訊科技股份有限公司洽談播放與使用版權。
- 如有任何問題請洽本公司客服部電子信箱：service@showwe.com.tw與電話：+886-2-2518-0207。

秀威資訊
Showwe Information Co.,Ltd.

Showwe Information CO., Ltd.

內容概要

- ⊙ 教學目的與參考書籍
- ⊙ 飛機機翼的主要構造
- ⊙ 相對運動原理
- ⊙ 機翼的形狀
- ⊙ 機翼翼型(翼剖面)的幾何形狀
- ⊙ 機翼攻角的正負
- ⊙ 機翼翼型的命名
- ⊙ 機翼理論
- ⊙ 飛機失速的原因
- ⊙ 高升力裝置的原理
- ⊙ 機翼和攻角的關係

秀威資訊
Showwe Information CO., Ltd.

參考資料 6-1

- ⊙ 秀威公司出版-航空工程概論與解析
  第四章

- ⊙ 秀威公司出版-圖解式飛航原理簡易入門小百科
  第六章

秀威資訊
Showwe Information CO., Ltd.

前言

本單元主要是讓同學能夠瞭解機翼構造與機翼理論，本單元為歷年民航特考飛行原理與空氣動力學常考的重點，希望各位同學務必對本單元內容要瞭解與熟記。

秀威資訊
Showwe Information Co., Ltd.

Showwe Information CO., Ltd.

飛機機翼的主要構造 6-3

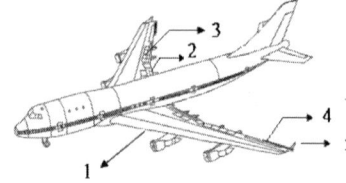

1-前緣襟翼；2-襟翼

3-擾流板

4-副翼

5-翼端小尖

考試重點

飛機機翼主要構造的位置與功用。

飛機機翼主要構造的位置與功用　　6-4

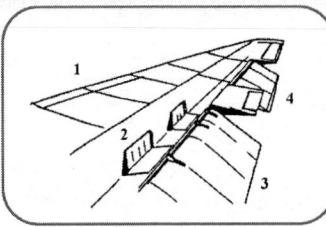

- 1為前緣襟(縫)翼，2為擾流板(又稱為減速板)，3為襟翼(又稱為後緣襟翼)以及4為副翼。
- 前緣襟(縫)翼與襟翼為飛機機翼的高升力裝置，是在飛機起飛與降落時打開。
- 擾流板與襟翼為飛機機翼的減速裝置，是在飛機降落時打開。
- 副翼為機翼控制飛機滾轉的裝置，民航機盡量不使用，或者是在降落時，左右同時放下當減速裝置使用。

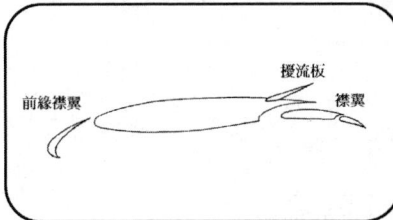

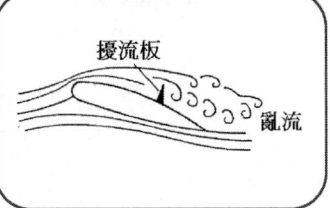

秀威資訊
Showwe Information CO., Ltd.

相對運動原理 6-5

在無風的狀態

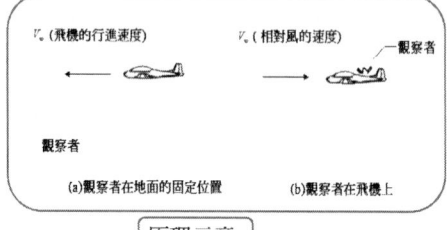

V_∞ (飛機的行進速度)　　V_∞ (相對風的速度)

觀察者

觀察者

(a)觀察者在地面的固定位置　　(b)觀察者在飛機上

原理示意

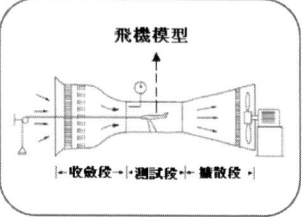

飛機模型

收斂段 → 測試段 → 擴散段

航空應用

實驗證明： 採用相對風的觀念研究所得到作用在飛機上的氣動力會與實際飛機飛行時所受的氣動力是完全相同的。

考試重點　　相對運動原理的衍生問題

秀威資訊　　　　　　　　　　　　　　Shawwe Information CO., Ltd.

相對運動原理的衍生

6-6

在順風狀態下的模擬

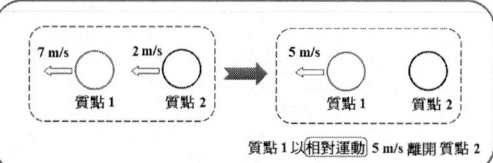

質點1以 相對運動 5 m/s 離開 質點2

在逆風狀態下的模擬

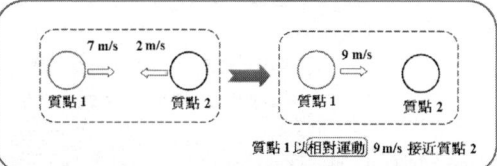

質點1以 相對運動 9 m/s 接近 質點2

結論

飛機在順風時相對運動的速度減少，逆風時相對運動的速度增加。

機翼的形狀 6-7

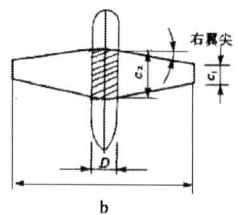 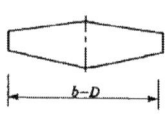

翼展長b-機翼左右翼尖的橫向距離

C_1 - 翼尖弦長 ； C_2 - 翼根弦長

考試重點

名詞解釋與計算

秀威資訊　Showwe Information CO., Ltd.

名詞解釋與計算 　6-8

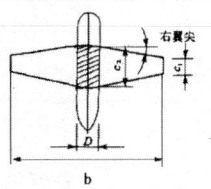

翼展長b-機翼左右翼尖的橫向距離
c_1-翼尖弦長 ； c_2-翼根弦長

⊙ 幾何平均弦長 $\bar{C} = \dfrac{C_1 + C_2}{2}$

⊙ 外露機翼面積 $S_w = \bar{C} \times (b - D)$

⊙ 毛機翼面積　$S = \bar{C} \times b$

⊙ 展弦比AR　$AR \equiv \dfrac{翼長}{弦長} \equiv \dfrac{b}{c} = \dfrac{b^2}{bc} = \dfrac{b^2}{S}$

⊙ 梯度比 λ　$\lambda \equiv \dfrac{翼尖弦長}{翼根弦長} = \dfrac{c_1}{c_2}$

注意事項

⊙ 在相同弦長的情況下，展弦比(AR)愈大，代表飛機機翼的翼長愈長。
⊙ 飛機說明書上所說的飛機機翼面積往往指的是毛機翼面積，它是一個通用的參考面積。
⊙ 梯度比往往決定了飛機的臨界馬赫數，也決定了飛機的巡航速度。

秀威資訊
Showwe Information Co., Ltd.

Showwe Information CO., Ltd.

機翼翼型(翼剖面)的幾何形狀

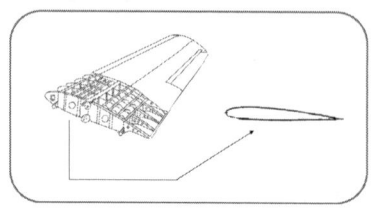

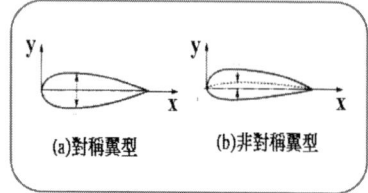

(a)對稱翼型　　(b)非對稱翼型

注意事項

現代高性能飛機機翼翼型均為不對稱翼型，因為其可以增加飛機飛行的升力。

考試重點

名詞解釋與計算

秀威資訊　Showwe Information CO., Ltd.

機翼翼型重要名稱　6-10

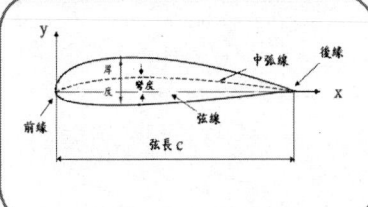

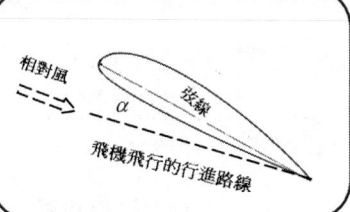

- ⊙ 弦線：機翼前緣至後緣的連線，我們稱之為弦線。
- ⊙ 弦長：機翼前緣至後緣的距離。
- ⊙ 中弧線：機翼上下表面垂直線的中點所連成的線。
- ⊙ 厚度：機翼上下表面之距離，一般以t來表示。
- ⊙ 彎度：機翼中弧線最大高度與弦線之間的距離。
- ⊙ 最大厚度位置：機翼最大厚度距離前緣x軸的距離。
- ⊙ 相對彎度：機翼最大彎度與機翼弦長的比值。
- ⊙ 攻角(α)：相對風與弦線的夾角。

秀威資訊　Showwe Information CO., Ltd.

機翼攻角的正負

6-11

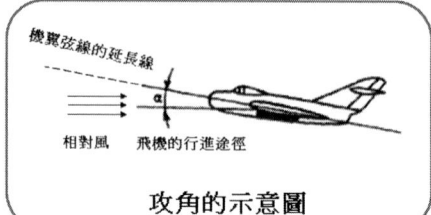

機翼弦線的延長線

相對風　飛機的行進途徑

攻角的示意圖

注意事項

飛機在正常飛行所使用的
攻角，都是正攻角

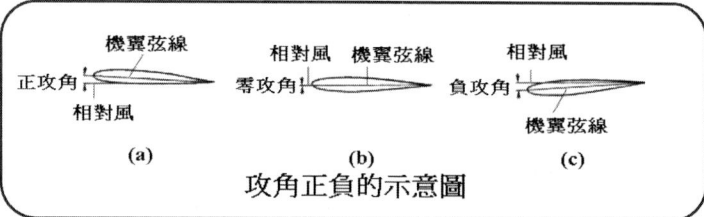

機翼弦線

正攻角

相對風

(a)

相對風　機翼弦線

零攻角

(b)

相對風

負攻角

機翼弦線

(c)

攻角正負的示意圖

秀威資訊
Showwe Information CO., Ltd.

飛機在正常飛行的攻角情況　　6-12

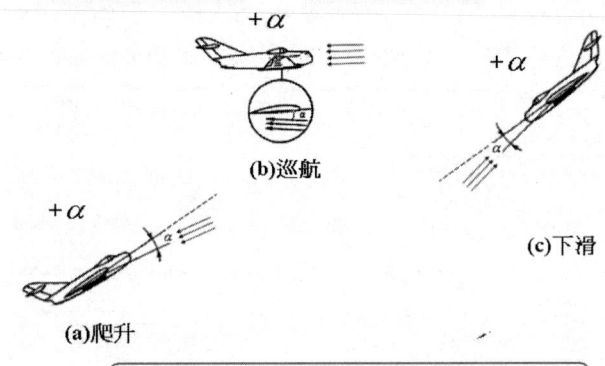

(a)爬升

(b)巡航

(c)下滑

飛機在正常飛行所使用的攻角，都是正攻角。

機翼翼型的命名 6-13

我們可以從機翼翼型的命名，推測出機翼翼型的外形，進而推導出飛機機翼的氣動力，例如NACA0015代表的是對稱機翼，因此本部份非常地重要，也曾經被當做民航特考的考題。

NACA1315

- ⊙ 第一個數字代表彎度，以弦長的百分比表示，camber/chord＝1%。
- ⊙ 第二位表示彎度距離前緣的位置，以弦長的10分數比表示，3/10。
- ⊙ 第三位與第四位數合起來是機翼的最大厚度，以弦長的百分比表示，t/c=15/100＝15%。

NACA23012

- ⊙ 第一個數字代表彎度，以弦長的百分比表示，camber/chord＝2%。
- ⊙ 第二位與第三位數合起來是彎度距離前緣的位置，以弦長的200分數表示，30/200＝15%。
- ⊙ 第四位與第五位數合起來是機翼的最大厚度，以弦長的百分比表示，t/c=12/100＝12%。

秀威資訊 Showwe Information CO., Ltd.

機翼理論

根據升力理論 $L = \frac{1}{2}\rho V^2 C_L S$ ，我們可以知道從飛機機翼的升力與升力係數 C_L 有關，機翼理論即是說明升力係數與飛機機翼翼型的外形的關係。

三維機翼升力理論

⊙ 三維機翼升力理論又稱為有限機翼升力理論。
⊙ 目的：在不考慮失速的情況下，求得飛機機翼升力係數與機翼外形的關係。

二維機翼升力理論

⊙ 二維機翼升力理論又稱為無限機翼升力理論。
⊙ 目的：在不考慮翼尖渦流的情況下，簡化三維機翼升力理論。

薄翼理論

⊙ 目的：在對稱翼型機翼與攻角無限小的情況下，簡化二維機翼升力理論。

| 常考試題 | 機翼理論的公式、簡化與應用 |

秀威資訊　　　　　　　　　　　　　　　　　　　　Showwe Information CO., Ltd.

機翼理論的公式與簡化　6-15

三維機翼升力理論公式

- 假設：在不考慮失速的情況下，求得飛機機翼升力係數與機翼外形的關係。
- 公式：
$$C_L = \frac{2\pi \sin(\alpha + \frac{2h}{c})}{1 + \frac{2}{AR}}$$

二維機翼升力理論

- 假設：在展弦比AR無限大(機翼無限長)情況下，簡化三維機翼(有限機翼)升力理論公式。
- 公式：
$$C_L = 2\pi \sin(\alpha + \frac{2h}{c})$$

薄翼理論

- 假設：在對稱翼型機翼與攻角無限小的情況下，簡化二維機翼升力理論。
- 公式：$C_L = 2\pi\alpha$

秀威資訊　Showwe Information CO., Ltd.

飛機失速的原因

6-16

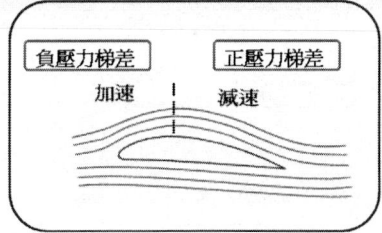

負壓力梯差　正壓力梯差
加速　減速

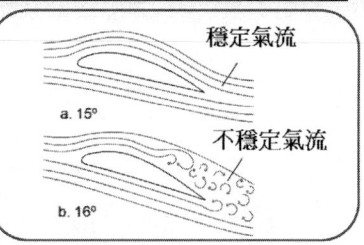

穩定氣流

a. 15°

不穩定氣流

b. 16°

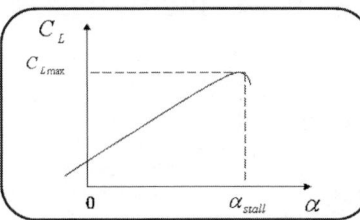

考試重點

⊙ 失速的原因。
⊙ 臨界(失速)攻角的意義。
⊙ 最大升力係數的意義。
⊙ 失速速度的定義。

高升力裝置的原理 6-17

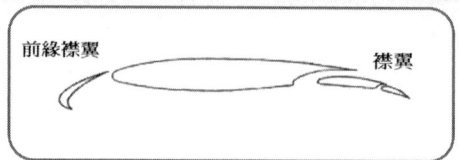

前緣襟翼　　　　　　　　襟翼

工作原理

- ⊙ 增加機翼弦長 (面積)：$L = \frac{1}{2}\rho V^2 C_L S$
- ⊙ 增加機翼的彎度：$C_L = 2\pi \sin(\alpha + \frac{2h}{c})$
- ⊙ 改善縫道的流動品質：前緣襟翼的原理

考試重點

- ⊙ 高升力裝置原理解釋。
- ⊙ 前緣襟翼原理解釋。
- ⊙ 襟翼的種類與比較。
- ⊙ 各種襟翼的工作原理。
- ⊙ 機翼和攻角的關係。
- ⊙ 圖形的繪制與解釋。

秀威資訊　Showwe Information CO., Ltd.

機翼和攻角的關係

6-18

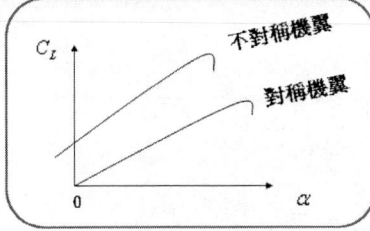

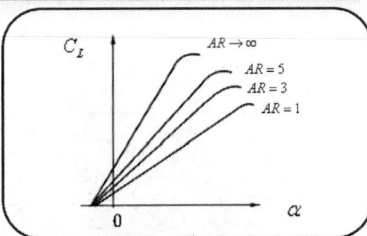

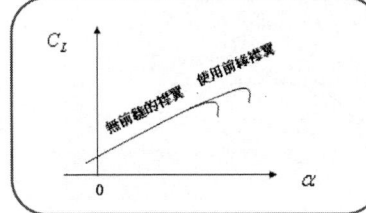

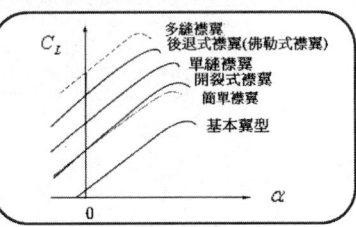

課程單元結束

秀威資訊
Showwe Information (Tw. Ltd.)

Showwe Information CO., Ltd.

秀威資訊
Showwe Information Co., Ltd.

第⑦單元
飛行的控制與性能

Showwe Information CO., Ltd.

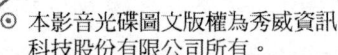

版　權　聲　明

- 本影音光碟圖文版權為秀威資訊科技股份有限公司所有。
- 服務對象以購買學員個人為限。
- 未經許可請勿翻制及上傳至其他影音平台，違者將追究其刑事與民事責任。
- 教育機構與學校單位如欲播放及使用本影音光碟之內容，請與秀威資訊科技股份有限公司洽談播放與使用版權。
- 如有任何問題請洽本公司客服部電子信箱：service@showwe.com.tw 與電話：+886-2-2518-0207。

內容概要

- 教學目的與參考書籍
- 六個自由度的觀念
- 飛機控制面的位置與功用
- 飛機操縱的制動原理
- 飛機性能與其影響因素
- 飛行包線

參考資料　7-1

- 秀威公司出版-航空工程概論與解析
  第四章 與 第五章
- 秀威公司出版-圖解式飛航原理簡易入門小百科
  第八章

前言　　　　　　　　　　　　　　7-2

本單元主要是讓同學瞭解飛機飛行控制
的意義、機構與原理以及飛機飛行的性
能判定因素，使同學能夠藉以瞭解飛機
航向與姿態的控制，並能判定飛機的優
劣性。

六個自由度的觀念

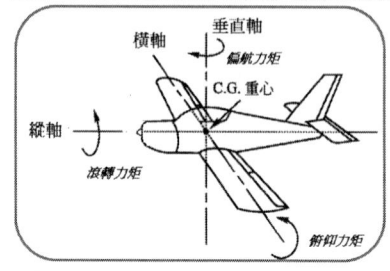

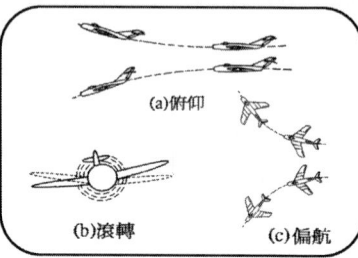

重要觀念

⊙ 飛機的六個自由度即是飛機的俯仰、偏航與滾轉運動。
⊙ 在航空理論中,我們認為飛機的運動是沿著重心移動或繞著重心轉動。
⊙ 飛機的運動是因為受力不平衡所致。
⊙ 俯仰運動又稱為縱向運動,滾轉運動又稱為橫向運動,偏航運動又稱為航向運動。
⊙ 如果飛機的運動是出自飛行員(機師)的意志,我們稱之為飛機的控制(操縱)。

飛機控制面的位置與功用 7-4

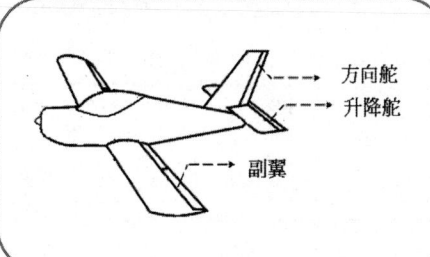

- ⊙ 升降舵是控制飛機的俯仰運動。
- ⊙ 方向舵是控制飛機的偏航運動。
- ⊙ 副翼是控制飛機的滾轉運動。
- ⊙ 口訣：

俯仰	向上轉上，向下轉下。
偏航	左轉向左，右轉向右。
滾轉	左上右下，右上左下。

考試重點

- ⊙ 飛機控制面的位置(圖要會畫)。
- ⊙ 飛機控制面的功用。
- ⊙ 飛機控制面的制動原理(稍後解釋)。

秀威資訊　Showwe Information CO., Ltd.

飛機操縱的制動原理 7-5

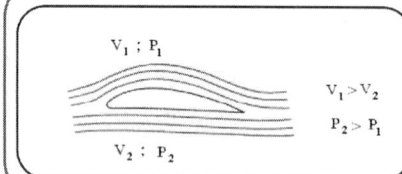

柏努利定律

$$P_1 + \frac{1}{2}\rho V_1^2 = P_2 + \frac{1}{2}\rho V_2^2$$

我們一般用柏努利定律來解釋飛機操縱(控制面)的制動原理。

考試重點

⊙ 縱向(俯仰)運動的制動原理 (圖要會畫) 。
⊙ 橫向(滾轉)運動的制動原理 (圖要會畫) 。
⊙ 航向(偏航)運動的制動原理 (圖要會畫) 。

秀威資訊 Showwe Information CO., Ltd.

縱向(俯仰)運動的制動原理　7-6

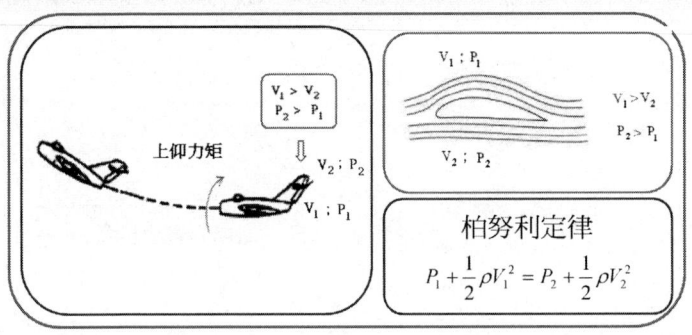

$$P_1 + \frac{1}{2}\rho V_1^2 = P_2 + \frac{1}{2}\rho V_2^2$$

柏努利定律

口訣

向上轉上，向下轉下。

橫向（滾轉）運動的制動原理 7-7

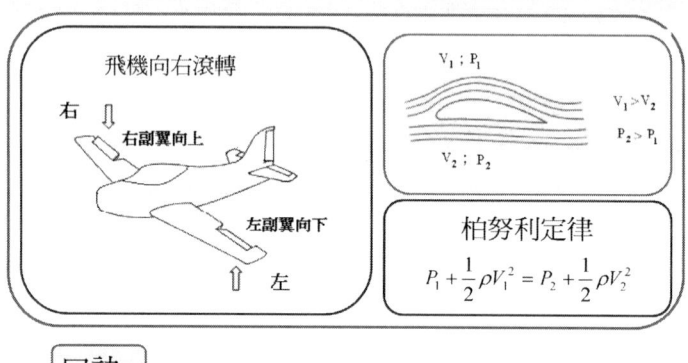

飛機向右滾轉

右 ⇓

右副翼向上

左副翼向下

⇑ 左

$V_1 ; P_1$

$V_1 > V_2$

$P_2 > P_1$

$V_2 ; P_2$

柏努利定律

$$P_1 + \frac{1}{2}\rho V_1^2 = P_2 + \frac{1}{2}\rho V_2^2$$

口訣

左上右下，右上左下。

秀威資訊　　　　　　　　　　Showwe Information CO., Ltd.

航向(偏航)運動的制動原理

7-8

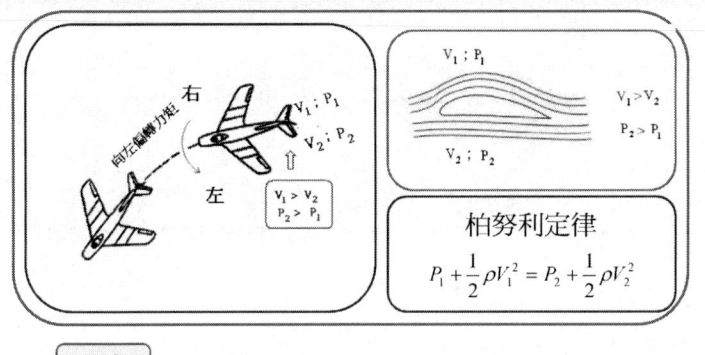

飛行性能與其影響因素 7-9

速度性能

- ⊙ 主要取決於發動機的性能與飛機氣動力的外形。
- ⊙ 如果是螺旋槳飛機還要取決於螺旋槳的速度與效率。

高度性能

- ⊙ 主要取決於發動機的種類與空氣密度的稀薄度。
- ⊙ 如果是螺旋槳飛機還要取決於螺旋槳的效率。

爬升性能

主要取決於發動機的性能與爬升角。

飛行距離

主要取決於飛機的重量、發動機的類別與載油量。

其 他

例如：推力重量比、燃油消耗率以及平均故障時間等。

秀威資訊　Showwe Information CO., Ltd.

飛行的速度性能　[7-10]

名詞解釋

- ⊙ 最大平飛速度：飛機在一定的高度上作水平飛行時，發動機以最大推力工作所能達到的最大飛行速度。
- ⊙ 最小平飛速度：飛機在一定的飛行高度上維持飛機水平飛行的最小速度。
- ⊙ 巡航速度：所謂巡航速度是指發動機在每公里消耗燃油最少的情況下飛機的飛行速度；是飛機最經濟而且航程最大的飛行速度。

考試重點

- ⊙ 最大平飛速度、最小平飛速度以及巡航速度的關係？
- ⊙ 為何民航機是使用巡航速度飛行，而不是使用最大平飛速度飛行？

飛行的高度性能 7-11

名詞解釋

- ⊙ 燃燒三要素：空氣、燃料與溫度。
- ⊙ 升限是指飛機所能達到的最大平飛高度。飛機愈往高空愈稀薄，沒有了空氣，飛機怎麼飛？
- ⊙ 絕對升限，又稱為理論升限，是指飛機能進行平飛的最大飛行高度，此時爬升率為零，由於達到這一高度所需的時間為無窮大，所以通常我們不常使用這個術語。
- ⊙ 實用升限是指飛機試圖捕捉之最大可用高度，它是爬升率略大於零的某一定值。

考試重點

- ⊙ 升限的意義。
- ⊙ 絕對升限與實用升限的關係？
- ⊙ 提高飛機升限的主要措施有1.增大發動機在高空時的推力、2.提高飛機的升力、3.降低飛行阻力以及減輕飛機重量等。

秀威資訊　　　　　　　　　　　　　　　　　　　Showwe Information CO., Ltd.

飛行的爬升性能

7-12

名詞解釋

- ⊙ 最大爬升率：又稱為最大爬升速度爬升，一般會出現在飛機在克服阻力後，剩餘動力為最大值時，也就是飛機以最大動力來做爬升動作。
- ⊙ 最陡爬升率：又稱為最大坡度爬升，也就是飛機在以最大爬升角速度爬升時，一般會出現在飛機推力和阻力的差為最大值。
- ⊙ 正常爬升率：飛機經過了起飛的最終階段，進入一定指示空速的正常爬升。

T_{max}爬升

θ_{max} 爬升
$(T - D)_{max}$ 爬升

考試重點

- ⊙ 爬升率的意義。
- ⊙ 爬升坡度的意義？
- ⊙ 最大爬升率與最陡爬升率的關係。
- ⊙ 正常爬升率的使用時機。

秀威資訊　　　　　　　　　　　　　　Showwe Information CO., Ltd.

重點解答

7-13

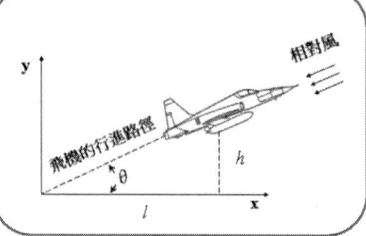

⊙ 爬升率是單位時間內爬升的高度。

$$爬升率 = 單位時間內爬升的高度 = \frac{h}{t}$$

⊙ 爬升坡度(爬升角)是爬升的角度。

$$爬升角 = \tan^{-1}\left(\frac{爬升所增加的垂直高度}{爬升所移動的水平距離}\right) = \tan^{-1}\left(\frac{h}{l}\right)$$

最大爬升率與最陡爬升率的關係

⊙ 一般而言最陡爬升率會小於最大爬升率。

⊙ 最陡爬升率會隨著高度的增加而增加,而最大爬升率會隨著高度的增加而減少。

⊙ 當飛機到達絕對升限的高度時,最大爬升率會等於最陡爬升率。

正常爬升率的使用時機

像在台灣境內飛行的短程航線在較低的高度下飛航,就經濟觀點而言,大多採用正常爬升方式,也就是使用一定指示空速的爬升

秀威資訊
Showwe Information CO., Ltd.

飛行距離 　7-14

名詞解釋

- ⊙ 航程：是指飛機在不加油的情況下所能達到的最遠水平飛行距離。
- ⊙ 航速：飛機飛行的速度。
- ⊙ 續航時間：它是指飛機在不進行空中加油的情況下，耗盡其本身攜帶的可用燃料時，所能持續飛行的時間。

考試重點

航程、航速以及續航時間關係。

秀威資訊
Showwe Information CO., Ltd.

Showwe Information CO., Ltd.

飛行包線 7-15

目 的

用來確定飛機可以保持水平飛行的範圍。

基本觀念

⊙ 飛機的推力會隨著高度的升高而降低。
⊙ 飛機到達升限無法再往上飛行。
⊙ 飛機如果產生音障,將無法再穩定飛行。

物理意義與解釋

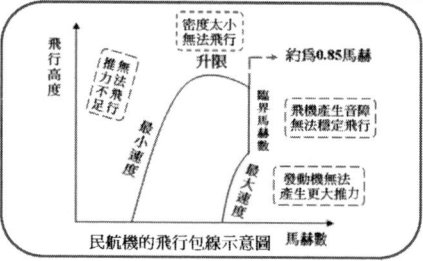

民航機的飛行包線示意圖

課程單元結束

秀威資訊
Showwe Information Co., Ltd.

Showwe Information CO., Ltd.

秀威資訊
Showwe Information Co., Ltd.

第⑧單元
基本飛行力學

Showwe Information CO., Ltd.

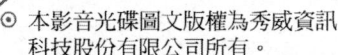

版 權 聲 明

- ◉ 本影音光碟圖文版權為秀威資訊科技股份有限公司所有。
- ◉ 服務對象以購買學員個人為限。
- ◉ 未經許可請勿翻制及上傳至其他影音平台，違者將追究其刑事與民事責任。
- ◉ 教育機構與學校單位如欲播放及使用本影音光碟之內容，請與秀威資訊科技股份有限公司洽談播放與使用版權。
- ◉ 如有任何問題請洽本公司客服部電子信箱：service@showwe.com.tw 與電話：+886-2-2518-0207。

內容概要

- 教學目的與參考書籍
- 牛頓三大運動定律與直角座標
- 飛機飛行所受的四個力
- 航空界所使用的座標系統
- 俯仰角的定義
- 航跡角的定義
- 風座標與體座標的定義
- 三角函數的介紹
- 飛機起降所受四個力的關係
- 風座標與體座標的關係

秀威資訊
Showwe Information CO., Ltd.

參考資料 8-1

秀威公司出版-圖解式飛航原理簡易入門小百科

第六章 與 第十章

秀威資訊
Showwe Information CO., Ltd.

前言 ［8-2］

本單元主要是讓同學瞭解飛機受力時的航向與姿態的改變，並補強同學在航空知識缺乏的問題，使同學能夠對後續的單元更容易吸收與瞭解。

牛頓三大運動定律與直角座標 8-3

牛頓三大運動定律

- ⊙ 牛頓第一運動定律：物體所受外力的合力為0，物體所產生的加速度為0。也就是說物體所受外力的合力為0的話，原先靜止的物體永遠靜止，原先運動的物體永遠做等速度運動。
- ⊙ 牛頓第二運動定律：$\vec{F} = m\vec{a}$。
- ⊙ 牛頓第三運動定律：物體施於另一物體的一個作用力，另一物體必回報此一物體一個反作用力，作用力與反作用的關係是大小相等、方向相反、而且作用在同一直線上。

直角座標

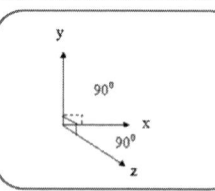

直角座標是x軸、y軸與z軸，三軸垂直的座標軸。

秀威資訊 Showwe Information Co., Ltd. Showwe Information CO., Ltd.

飛機飛行所受的四個力　　8-4

巡航狀態

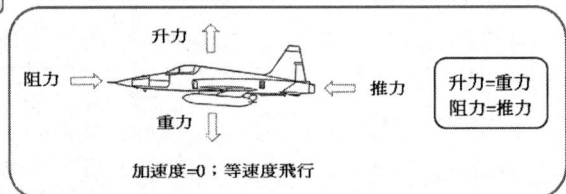

升力 ↑
阻力 ⇒　　　⇐ 推力
重力 ↓

升力=重力
阻力=推力

加速度=0；等速度飛行

考試重點

- ⊙ 飛機飛行時，所受的四個力為何？
- ⊙ 飛機在爬升、巡航與下滑飛行時，四個力的關係為何？
- ⊙ 升力、阻力及推力會隨著高度上升而降低的原因為何？
- ⊙ 飛機飛行在巡航飛行時為什麼巡航高度會愈來愈高？

航空界所使用的座標系統

8-5

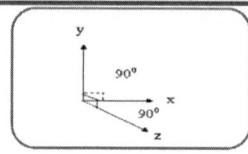

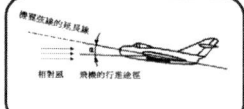

考試重點

⊙ 俯仰角與航跡角的定義與關係。
⊙ 風座標以及體座標的定義與關係。

⊙ 航空界最常使用的座標為固定直角座標、風座標以及體座標。
⊙ 固定直角座標：使用地面的固定位置或其等速的平移線為觀察基準，所畫出的直角座標，此定義保證在兩個不同的慣性參考座標上的觀察者量到的質點加速度都是相同的。
⊙ 風座標：以飛機的本身為觀察基準，使用飛機行進路徑的方向為縱軸(x軸)所畫出的直角座標。
⊙ 體座標：以飛機的本身為觀察基準，使用飛機機翼弦線延長線的方向為縱軸(x軸)所畫出的直角座標。

秀威資訊
Shawwe Information Co., Ltd.
Showwe Information CO., Ltd.

俯仰角的定義 8-6

定義 以固定直角座標為參考基準，觀察飛機在飛行時飛機機翼弦線延長線與水平線的夾角 θ，飛機在爬升時稱之為仰角 (θ 為正)，飛機在下滑時稱之為俯角(θ 為負)。

圖解

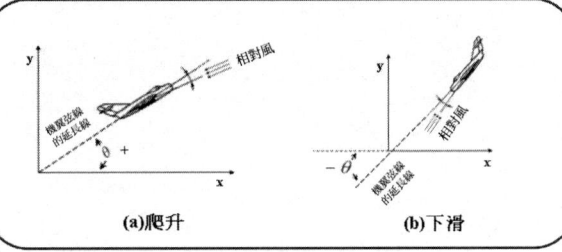

(a)爬升 **(b)下滑**

考試重點
- 攻角的意義與正負。
- 臨界攻角的意義。

秀威資訊　Showwe Information CO., Ltd.

航跡角的定義 8-7

定義
> 以固定直角座標為參考基準，觀察飛機在飛行時飛機行進的路徑與水平線的夾角 γ，飛機在爬升時稱之為爬升角 (γ 為正)，飛機在下滑時稱之為下滑角(γ 為負)。

圖解

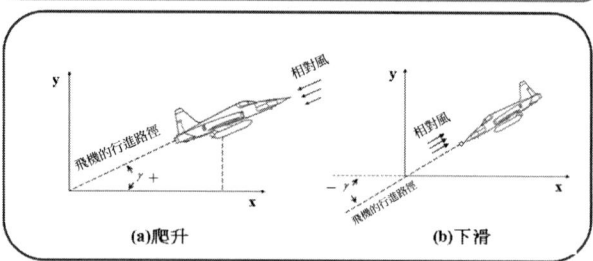

(a)爬升　　　**(b)下滑**

考試重點 | 爬升角與爬升率的意義

秀威資訊　　Showwe Information CO., Ltd.

俯仰角與航跡角的關係 8-8

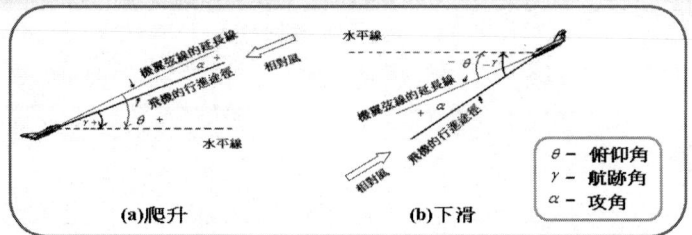

(a)爬升　　　　(b)下滑

θ － 俯仰角
γ － 航跡角
α － 攻角

我們發現

飛機在爬升時，仰角與爬升角的關係為 $\theta - \gamma = \alpha$，
飛機在下滑時，俯角與下滑角的關係也為 $\theta - \gamma = \alpha$。

所以

俯仰角與航跡角的關係為 $\theta - \gamma = \alpha$，也就是俯仰角減航跡角等於攻角。

秀威資訊　　　　Showwe Information CO., Ltd.

三角函數的介紹 8-9

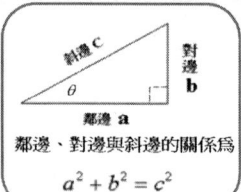

鄰邊、對邊與斜邊的關係為

$$a^2 + b^2 = c^2$$

三角函數介紹

$$\sin\theta = \frac{對邊}{斜邊} = \frac{b}{c} \;;\; \cos\theta = \frac{鄰邊}{斜邊} = \frac{a}{c} \;;\; \tan\theta = \frac{對邊}{鄰邊} = \frac{b}{a}$$

$$\cot\theta = \frac{鄰邊}{對邊} = \frac{a}{b} \;;\; \sec\theta = \frac{斜邊}{鄰邊} = \frac{c}{a} \;;\; \csc\theta = \frac{斜邊}{對邊} = \frac{c}{b}$$

常見的三角函數計算

$$\sin 30^0 = \frac{1}{2} = 0.5 \;;\; \cos 30^0 = \frac{\sqrt{3}}{2} = \frac{1.732}{2} = 0.866$$

$$\sin 45^0 = \frac{\sqrt{2}}{2} = \frac{1.414}{2} = 0.707 \;;\; \cos 45^0 = \frac{\sqrt{2}}{2} = \frac{1.414}{2} = 0.707$$

$$\tan\theta = \frac{\sin\theta}{\cos\theta} \;;\; \cot\theta = \frac{\cos\theta}{\sin\theta}$$

反三角函數介紹

$$\theta = \sin^{-1}\frac{b}{c} \;;\; \theta = \cos^{-1}\frac{a}{c} \;;\; \theta = \tan^{-1}\frac{b}{a}$$

$$\theta = \cot^{-1}\frac{a}{b} \;;\; \theta = \sec^{-1}\frac{c}{a} \;;\; \theta = \csc^{-1}\frac{c}{b}$$

秀威資訊 Showwe Information Co. Ltd. Showwe Information CO., Ltd.

飛機爬升所受四個力的關係　8-10

圖中 θ 是以固定直角座標為基準，是飛機在飛行的行進路徑與水平線的的角。飛機在爬升時，θ 稱之為爬升角。飛機在下滑時，θ 稱之為下滑角。

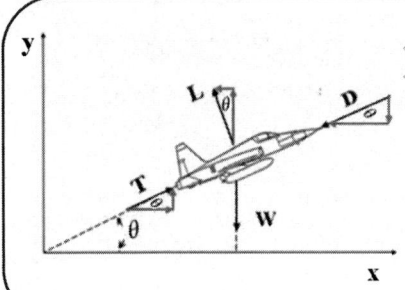

四個力之間的關係

$$F_x = T\cos\theta - L\sin\theta - D\cos\theta$$
$$F_y = T\sin\theta + L\cos\theta - D\sin\theta - W$$

在此
L-升力；D-阻力
T-推力；W-重力
θ-爬升角

秀威資訊　　　　　　　　　　　　　　　Showwe Information CO., Ltd.

飛機下滑所受四個力的關係　8-11

圖中 θ 是以固定直角座標為基準，是飛機在飛行的行進路徑與水平線的的角。飛機在爬升時，θ 稱之為爬升角。飛機在下滑時，θ 稱之為下滑角。

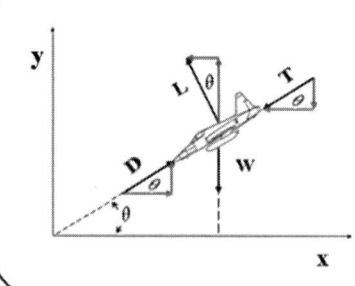

四個力之間的關係

$$F_x = -T\cos\theta - L\sin\theta + D\cos\theta$$
$$F_y = -T\sin\theta + L\cos\theta + D\sin\theta - W$$

在此
　　L-升力；D-阻力
　　T-推力；W-重力
　　θ-下滑角

秀威資訊　Showwe Information CO., Ltd.

風座標與體座標的關係 8-12

- 風座標：以飛機的本身為觀察基準，使用飛機行進路徑的方向為縱軸(x軸)所畫出的直角座標。
- 體座標：以飛機的本身為觀察基準，使用飛機機翼弦線延長線的方向為縱軸(x軸)所畫出的直角座標。

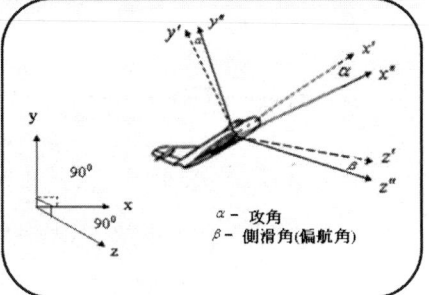

α － 攻角
β － 側滑角(偏航角)

考試重點

- 試繪圖並說明風座標與體座標的關係？
- 風座標與體座標在何時會合而為一？

秀威資訊　Showwe Information Co., Ltd.

Showwe Information CO., Ltd.

課程單元結束

秀威資訊
Showwe Information Co.,Ltd.   Showwe Information CO., Ltd.

秀威資訊
Showwe Information Co., Ltd.

第⑨單元
飛機的升力與阻力

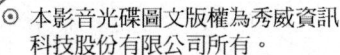

版　權　聲　明

秀威資訊
Showwe Information CO., Ltd.

內容概要

- ⊙ 教學目的與參考書籍
- ⊙ 升力的作用
- ⊙ 機翼升力的形成
- ⊙ 飛機的失速
- ⊙ 一般物體所承受的阻力
- ⊙ 飛機飛行時所承受的阻力
- ⊙ 飛機飛行時阻力與速度的關係
- ⊙ 飛機飛行時阻力與攻角的關係
- ⊙ 升阻比
- ⊙ 兩個最經濟的飛行速度
- ⊙ 翼尖渦流所引發的現象
- ⊙ 震波阻力
- ⊙ 民航機避免在穿音速狀態的飛行方法
- ⊙ 後掠翼避免在穿音速狀態的飛行的原理
- ⊙ 超臨界翼型避免在穿音速狀態飛行的原理
- ⊙ 翼刀和鋸齒狀前緣的效應

秀威資訊
Showwe Information CO., Ltd.

參考資料 9-1

⊙ 秀威公司出版-航空工程概論與解析

第六章

⊙ 秀威公司出版-圖解式飛航原理簡易入門小百科

第七章

秀威資訊
Showwe Information CO., Ltd.

前言

本單元主要是讓同學瞭解飛機飛行時所受升力與阻力的影響以及提高升力與阻力的方法與原理，便於讓同學解釋在民航特考中有關升力和阻力的相關問題與簡單的計算。

秀威資訊　Showwe Information CO., Ltd.

升力的作用 9-3

飛機是一種大氣層中飛行，而且重量重於空氣的航空器，飛機的升力是由飛機的機翼所產生的。它的作用主要是克服飛機的重量，使飛機能夠在空中能夠飛行。

考試重點

⊙ 飛機升力公式的解釋與應用。
⊙ 機翼理論的公式、簡化與應用。
⊙ 飛機在巡航時升力與重力的關係。

秀威資訊 Showwe Information CO., Ltd.

機翼升力的形成（一）　　9-4

在民航特考常常要求考生利用「庫塔條件」、「凱爾文定理」去解釋升力的形成原因，所以同學必須瞭解與熟記。

庫塔條件

對於一個具有尖銳尾緣之翼型而言，流體無法由下表面繞過尾緣而跑到上表面，而翼型上下表面流過來的流體必定會在後緣會合。

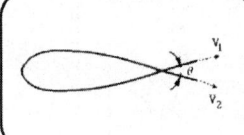

假設
$\theta \neq 0$ ；$V_1 = V_2 = 0$
$\theta = 0$ ；$V_1 = V_2 \neq 0$

凱爾文定理

對於無黏性流體而言，其渦流強度不會改變。此定理可協助說明為何機翼會產生一個順時針之環流。

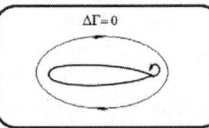

假設
氣流流經機翼的流場是無黏滯流場。

秀威資訊　　Showwe Information CO., Ltd.

機翼升力的形成（二）

機翼升力的形成過程

對於一個正攻角的機翼而言，因為流經翼型的流體無法長期的忍受在尖銳尾緣的大轉彎，因此在流動不久就會離體，造成一個逆時針之渦流(啟始渦流)，使得流體不會由下表面繞過尾緣而跑到上表面，於是升力會開始產生。隨著時間的增加，此渦流會逐漸地散發至下游，而在機翼翼型的下方產生平滑的流線。此時升力將會完全產生。

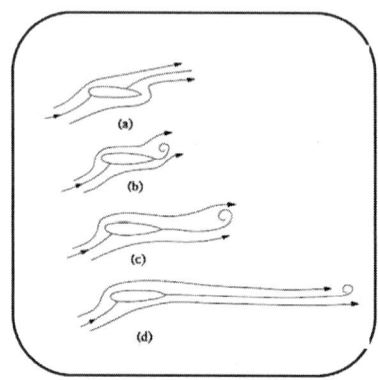

機翼升力的形成（三）

9-6

常考試題

試用庫塔條件說明升力的形成

基於庫塔條件，空氣流過機翼前緣時，會分成上下兩道氣流，並於機翼尾端會合。所以對於一個正攻角的機翼而言，因為流經機翼的流體無法長期的忍受在尖銳尾緣的大轉彎，因此在流動不久就會離體，造成一個逆時針之渦流，使得流體不會由下表面繞過尾緣而跑到上表面，我們稱此渦流為啟始渦流隨著時間的增加，此渦流會逐漸地散發至下游，而在機翼下方產生平滑的流線，此時升力將完全產生。

試說明啟始渦流與束縛渦流的關係？

根據凱爾文定理，對於無黏性流體渦流強度不會變，所以啟始渦流和束縛渦流的關係為大小相等與方向相反。

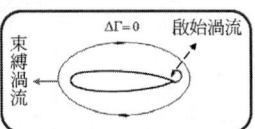

飛機的失速

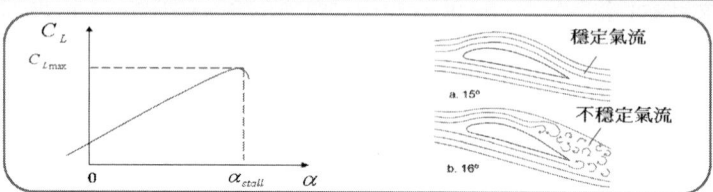

如圖所示，飛機在低攻角的時候，升力會隨著攻角上升，但是到達臨界攻角時，機翼會產生流體分離現象，此時，升力會大幅下降，飛機將無法再繼續飛行，我們稱之為失速(飛機失速)。

考試重點

⊙ 失速的定義。
⊙ 臨界攻角的定義。
⊙ 最大升力係數的意義。
⊙ 失速速度的推導。

秀威資訊
Showwe Information CO., Ltd.

失速速度的推導　9-8

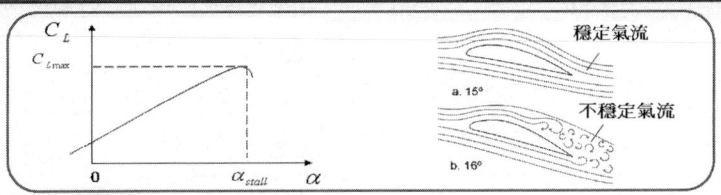

解題重點

- 當飛機失速時的攻角為臨界(失速)攻角(也就是 $\alpha = \alpha_{stall}$)。
- 當飛機失速時的升力係數為最大升力係數 (也就是 $c_L = c_{L\,max}$)。
- 當飛機失速時，我們假設升力等於重力(也就是L=W)。
- 法規規定，為安全起見，飛機起飛速度(VTO)必須大於失速速度的1.1倍，但是如果飛機的起飛速度為1.1倍，則無法將平行的飛機自跑道的拉起，所以飛機的起飛速度通常為失速速度的1.2倍。
- 飛機起飛速度必須大於失速速度的1.1倍，所以起飛攻角為失速攻角的 $1/1.21=0.8$ 倍。

秀威資訊　Showwe Information CO., Ltd.

高升力機翼

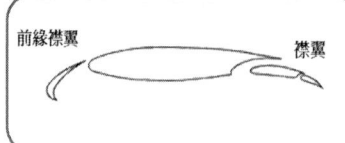

前緣襟翼　　襟翼

所謂高升力機翼是指加裝「增升裝置」的機翼，「增升裝置」是機翼上用來改善氣流狀況和增加升力的活動面。飛機在機翼的增升裝置主要是由各種前後緣襟翼所組成。

工作原理

- ⊙ 增加機翼弦長 (面積)：$L = \dfrac{1}{2}\rho V^2 C_L S$
- ⊙ 增加機翼的彎度：$C_L = 2\pi\sin(\alpha + \dfrac{2h}{c})$
- ⊙ 改善縫道的流動品質：前緣襟翼的原理

考試重點

- ⊙ 高升力裝置的定義。
- ⊙ 前緣襟翼的構造與原理。
- ⊙ 襟翼的種類與原理。
- ⊙ 升力與攻角比較圖。

前緣襟翼的構造與原理

9-10

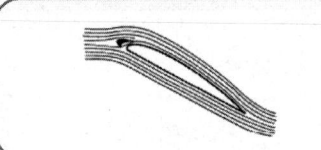

前緣襟翼在正常工作時打開，當其打開時，前緣縫翼與主翼前緣會形成一道縫隙，可增加增加機翼弦長，提高升力，並可以使氣流由下翼面通過縫道流向上翼面，延遲氣流分離的出現，藉以避免大攻角時可能發生的失速現象，並使得升力係數得以提高。

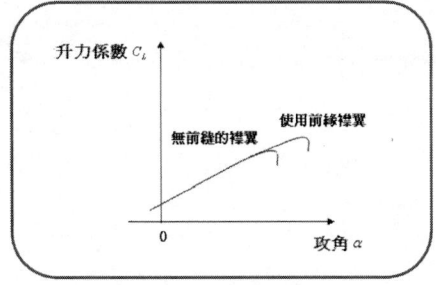

後緣襟翼(襟翼)的種類與構造

9-11

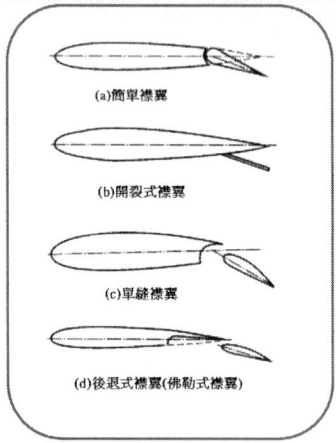

(a)簡單襟翼

(b)開裂式襟翼

(c)單縫襟翼

(d)後退式襟翼(佛勒式襟翼)

判定升力係數大小的標準

⊙ 增加機翼弦長。

⊙ 增加機翼的彎度。

⊙ 改善縫道的流動品質。

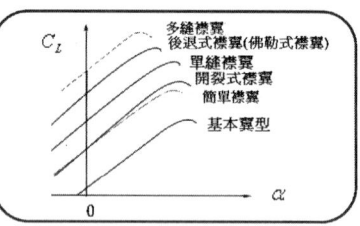

阻力的定義　9-12

所謂阻力是指物體在流體中相對運動所產生與運動方向相反的力。

準備方向

在民航特考「飛行原理」與「空氣動力學」科目，「阻力」是最常考的問題，但是由於多數考生未能將問題劃分成「一般物體」與「飛機」所承受的阻力，所以導致無法正確的回答題目。因此本課程在阻力部份分成「一般物體所承受的阻力」與「飛機飛行時所承受的阻力」二個部份加以說明。

秀威資訊　Showwe Information CO., Ltd.

一般物體所承受的阻力

9-13

一般物體所承受的阻力可分為摩擦阻力與形狀阻力(壓力阻力)等二種。

摩擦阻力

- ⊙ 定義：流體流經物體因為黏滯效應，與物體摩擦所產生的阻力。
- ⊙ 影響因素：流體流經物體的表面面積、表面平滑度以及流體的速度。
- ⊙ 降低摩擦阻力的方法：提高流體表面的平滑度。

形狀阻力

- ⊙ 定義：形狀阻力是物體前後壓力差所引起的阻力，所以又叫做壓力(差)阻力。
- ⊙ 影響因素：流體流經物體的迎風面積(垂直於迎面氣流的正向截面積面積)、物體的流線形與否以及流體的速度。
- ⊙ 降低形狀阻力的方法：設法讓物體成為流線型以及使使層流變成紊流。

考試重點

- ⊙ 摩擦阻力阻力和形狀阻力的定義、影響因素以及抑制方法。
- ⊙ 高爾夫的設計原理。
- ⊙ 物體的流線型化得以降低形狀阻力的原理。

高爾夫球的設計原理

9-14

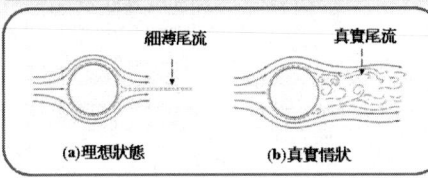

細薄尾流　　　　真實尾流

(a)理想狀態　　　　(b)真實情狀

在理想狀態下，流經鈍形物體(在此指的是球)的外部氣流不會受尾流干擾，但是在真實情況，鈍形物體會因物體前後壓力梯差而產生一個寬廣尾流而使外部尾流偏向。

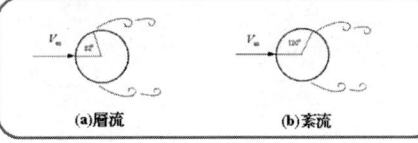

V_∞　　　　V_∞

(a)層流　　　　(b)紊流

根據(風洞)實驗，氣流流經球體在層流的尾流區域比紊流大，所以形狀阻力較大，這是因為紊流的慣性力大，因此發生離滯現象會比層流延後。

因此我們將高爾夫球的表面設計成用凹凸不平的表面，使得流經球體的表面變成紊流，藉以減少形狀阻力，雖然凹凸不平的表面會造成氣流流經球體的摩擦阻力增加，但是由於形狀阻力佔總阻力的絕大部份，所以總阻力仍然會降低。

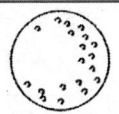

物體的流線型化 9-15

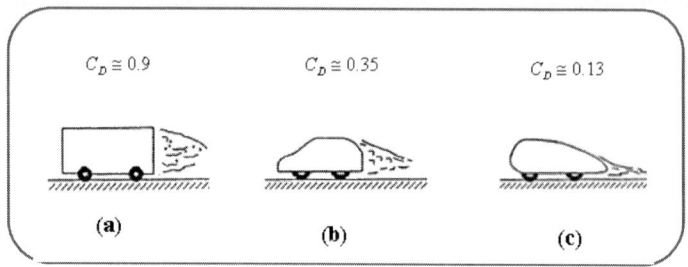

根據(風洞)實驗，物體越流線型，氣流流經物體在尾部所產生的尾流區域愈小，因此形狀阻力愈小，這也就是飛機的翼剖面都選擇尖銳的尾緣設計的原因。

秀威資訊　Showwe Information CO., Ltd.

飛機飛行時所承受的阻力 9-16

次音速飛機(飛機飛行的速度在臨界馬赫數以下) 飛行所承受的阻力可分為摩擦阻力、形狀阻力、干擾阻力 以及誘導阻力等四種。如果飛機的飛行速度在超過臨界馬赫數時，還必須考慮震波阻力。

考試重點

- ⊙ 阻力的種類與成因。
- ⊙ 阻力與攻角的關係。
- ⊙ 阻力與速度的關係。
- ⊙ 翼尖渦流所引發的現象。
- ⊙ 震波阻力與速度的關係。

注意事項

飛機不可以長時間在穿(跨)音速狀態飛行。

秀威資訊　Showwe Information Co.,Ltd.　Showwe Information CO., Ltd.

次音速飛機飛行時所承受的阻力

9-17

次音速飛機(飛機飛行的速度在臨界馬赫數以下) 飛行所承受的阻力可分為摩擦阻力、形狀阻力、干擾阻力 以及誘導阻力等四種，定義如下。

摩擦阻力

⊙ 定義：空氣流經飛機因為黏滯效應所產生的阻力。
⊙ 影響因素：飛機的表面面積、表面平滑度以及流體的速度。

形狀阻力

⊙ 定義：飛機形狀(前後壓力差)所引起的阻力，所以又叫做壓力(差)阻力。
⊙ 影響因素：飛機的的迎風面積、流線形與否以及流體的速度。

干擾阻力

⊙ 定義：空氣流經飛機因為各組件交接點間氣流干擾所衍生出來的阻力。 。
⊙ 影響因素：各組件交接點間平順與否以及流體的速度。

誘導阻力

誘導阻力是由於升力而產生，故又稱為升力衍生阻力(感應阻力)。乃是因為翼尖氣流下洗所引起附加阻力。

秀威資訊 Showwe Information CO., Ltd.

飛機飛行時阻力與速度的關係

9-18

次音速飛機(飛機飛行的速度在臨界馬赫數以下)飛行所承受的阻力可分為摩擦阻力、形狀阻力、干擾阻力以及誘導阻力等四種，其中形狀阻力及摩擦阻力之和稱為型阻，而寄生阻力=形狀阻力+摩擦阻力+干擾阻力。

阻力與速度的關係

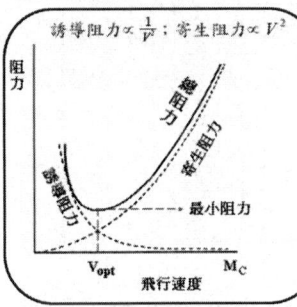

- 總阻力=寄生阻力+誘導阻力
- 低次音速飛機飛行的阻力是以誘導阻力為主導。
- 高次音速飛機飛行的阻力是由寄生阻力來決定。
- 最小阻力的飛行速度為飛機飛行的最佳速度。
- 在臨界馬赫數時的阻力是次音速飛機飛行的最高阻力。

秀威資訊
Showwe Information Co., Ltd.
Showwe Information CO., Ltd.

飛機飛行時阻力與攻角的關係 9-19

經過風洞實驗，我們發現誘導阻力或寄生阻力都和攻角有密切的關係，而且是隨攻角一路增加的，因為在次音速飛機飛行的總阻力=寄生阻力+誘導阻力，所以阻力會隨著攻角的增加而增加。

阻力與攻角的關係

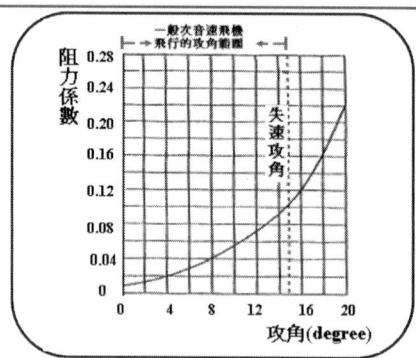

秀威資訊
Showwe Information CO., Ltd.

升阻比

9-20

我們在設計飛機時，我們希望提高升力與降低阻力，但是升力增加的同時，阻力也隨之增加。飛機的升阻比是衡量機翼品質的標準，飛機的升阻比越大，其空氣動力性能越好，對飛行越有利，也會有較佳爬升性能。而升阻比最大的攻角是飛機飛行的最適攻角，一般約為3^0~ 4^0。

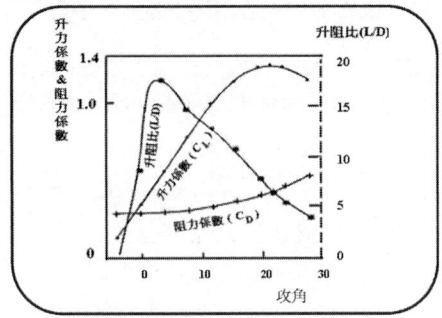

秀威資訊　Showwe Information Co.,Ltd.　Showwe Information CO., Ltd.

兩個最經濟的飛行速度 9-21

最小阻力的巡航速度

- ⊙ 飛機的巡航是使用在阻力最小時的速度，也就是飛機在D_{min}時的速度。
- ⊙ 飛機的飛行可達最遠的航程(飛行距離)。
- ⊙ 又稱為最大航程（Maximum range）的巡航速度。
- ⊙ 因為最為省力，為民航客機所喜歡採用的巡航速度。

最小功率的巡航速度

- ⊙ 飛機的巡航是使用在功率($P=T \times V=D \times V$)最小時的速度，也就是飛機在P_{min}時的速度。
- ⊙ 飛機的飛行可可以維持最久的的航時(飛行時間)。
- ⊙ 又稱為為最大耐航（Maximum endurance）的巡航速度。
- ⊙ 因為耗費功率最小，為講究耐航力的飛機(例如執行海岸巡邏和空中預警的飛機)所喜歡採用的巡航速度。

考試重點 以波音747客機為例，在高空巡航時，攻角為2°，巡航速度約為馬赫數0.85，臨界馬赫數約為0.87，你看出了什麼？

秀威資訊 Showwe Information CO., Ltd.

翼尖渦流所引發的現象

9-22

成因

機翼的翼端部因上下壓力差，空氣會從壓力大往壓力小的方向移動，而從旁邊往上翻，因而在兩端產生渦流。

引發的現象

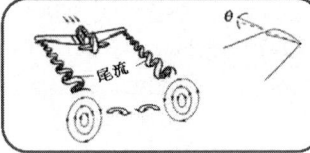

誘導阻力的產生原因

誘導攻角造成升力減少

翼尖渦流造成翼尖失速

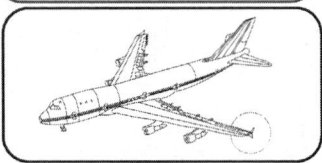

翼尖渦流造成尾流效應

防制措施

翼端扭曲或加設翼端小尖

秀威資訊　Showwe Information Co., Ltd.

Showwe Information CO., Ltd.

誘導阻力係數的影響因素 9-23

影響因素

- ⊙ 機翼的平面形狀。
- ⊙ 展弦比。
- ⊙ 升力係數。

考試重點

- ⊙ 公式($C_{D_i} = \dfrac{C_L^2}{\pi \times e \times AR}$)解釋。
- ⊙ 飛機設計應用。
- ⊙ 翼刀和鋸齒狀前緣的效應。

秀威資訊
Showwe Information CO., Ltd.

震波阻力

當飛機飛行時的速度超過臨界馬赫數時，我們還必須考慮因為震波所造成的阻力，我們稱為震波阻力。

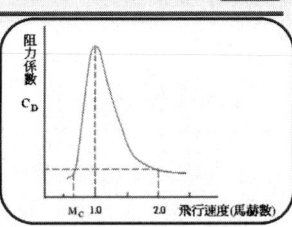

重要名詞解釋

- ⊙ 音障的定義：飛機飛行接近音速時，壓迫空氣而產生震波，導致阻力急遽增大的一種物理現象。
- ⊙ 震波的定義：震波是氣體在超音速流動時所產生的壓縮現象，氣流經過震波會導致總壓的損失與速度的減緩，依照程度的不同，可分成正震波與斜震波二種。
- ⊙ 臨界馬赫數：當飛機飛行接近音速時，上翼面的速度會到達音速的臨界值，此時飛機飛行的馬赫數稱之為臨界馬赫數。
- ⊙ 穿音速定律：飛機在穿過音速飛行時，如果沿縱軸的截面積的變化曲線越平滑的話，產生的穿音速阻力就會越小，所以超音速飛機會削減機翼處的機身（機身收縮）與把機身（機翼連接以外區域）截面積加大，這也就是超音速飛機"蜂腰"的由來。

觀念提醒 9-25

- 臨界攻角是指飛機飛行的攻角超過這個臨界值，飛機會發生失速現象。
- 臨界馬赫數是指飛機飛行的馬赫數(飛行速度)超過這個臨界值，飛機會產生音障與震波等現象。
- 飛機不可以長期在穿音速狀態飛行，所以民航機的飛行速度必須小於臨界馬赫數。
- 飛機失速(失速)與翼尖失速都是因為機翼產生不穩定氣流所導致，但是發生的原因與部位是大不相同。
- 飛機失速是機翼翼型的尾緣會產生流體分離的現象，起因是攻角過大(超過)臨界攻角。
- 翼尖失速是機翼的尖端產生氣流不穩定的現象，起因是翼尖渦流所造成的。

秀威資訊　　　　　　　　　　　　　　　Showwe Information CO., Ltd.

民航機避免在穿音速狀態的飛行方法

9-26

民航機在到達臨界馬赫數時，機翼的上翼面會因為機翼前緣的加速而產生震波，使飛機進入穿音速飛行的狀態，造成機翼與機身劇烈震動，而導致飛機失事。

機翼劇烈抖動

防制方法

- ⊙ 延遲臨界馬赫數。
- ⊙ 消彌機翼上曲面震波所產生的效應。

應用

- ⊙ 後掠翼機翼：利用後掠翼可以使機翼的臨界馬赫數增加到 0.87 左右。
- ⊙ 超臨界翼型機翼：利用超臨界翼型機翼可以使飛機機翼的臨界馬赫數增加到 0.96 左右，而且可以消彌機翼上曲面局部超音速現象。

秀威資訊
Showwe Information CO., Ltd.

後掠翼避免在穿音速狀態的飛行的原理 9-27

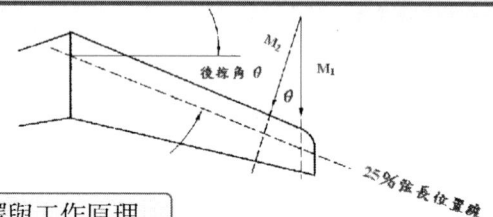

重要名詞解釋與工作原理

⊙ 後掠角是弦長1/4與翼根弦長垂直線的夾角。
⊙ 若飛機的飛行馬赫數是M_1，後掠角是θ，流經弦長正交方向的馬赫數 $M_2 = M_1 \times COS\theta$，後掠角($\theta$)越大，$M_2$越小，所以大後掠角的機翼可以擁有較大的臨界馬赫數。

缺點

由於機翼的向後傾斜，機翼上表面的氣流會自動流往翼尖方向，因而容易導致翼尖提前失速。

秀威資訊　　　　　　　　　　　　　　　　　　Showwe Information CO., Ltd.

一般機翼上翼面的速度變化

9-28

在速度低於臨界馬赫數時，上翼面速度與壓力的變化情形示意圖

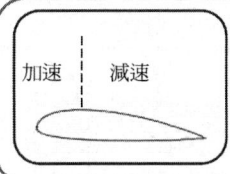

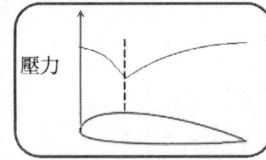

因為流經機翼上表面氣流在前方的加速性與在後方的減速性，所以一般機翼在速度低於臨界馬赫數時，壓力是先降低後增加的。

在速度高於臨界馬赫數時，上翼面速度的變化情形示意圖

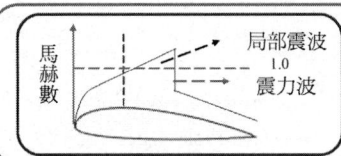

在飛機的飛行速度高於臨界馬赫數時，上翼面會產生局部震波，使得機翼會造成超音速與次音速氣流混合的情形，飛機的飛行進入穿音速飛行的狀態，機翼會產生劇烈的震動，而導致飛機失事。

秀威資訊
Showwe Information Co.,Ltd.

Showwe Information CO., Ltd.

超臨界翼型避免在穿音速狀態飛行的原理 [9-29]

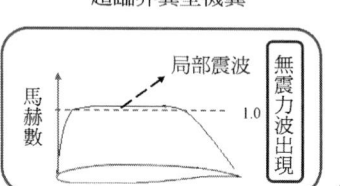

機翼在上翼面速度的變化情形示意圖

一般機翼

超臨界翼型機翼

局部震波
馬赫數
1.0
震力波

局部震波
馬赫數
1.0
無震力波出現

- ⊙ 超臨界翼型避免在穿音速狀態飛行的原理是延遲臨界馬赫數與消彌機翼上曲面震波所產生的效應。
- ⊙ 能夠延遲臨界馬赫數是上曲表面比較平坦，消彌機翼上曲面震波所產生的效應是無震力波出現。
- ⊙ 缺點是所能產生的升力減少與機翼強度不夠必須增加補強設計。

翼刀和鋸齒狀前緣的效應　　　　　9-30

由於機翼的向後傾斜，機翼表面上的氣流會自動流往翼尖方向，因而容易導致翼尖提前失速，所以為阻止大後掠翼提前產生翼尖失速，可以安裝翼刀或是將機翼前緣做成鋸齒狀。

翼刀	鋸齒狀前緣
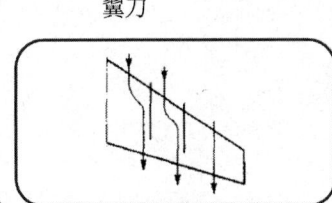	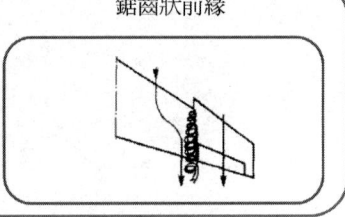

觀念提醒

⊙ 防止翼尖渦流所引發的現象：翼端扭曲或加設翼端小尖。
⊙ 防止翼尖失速：翼端扭曲或加設翼端小尖以及安裝翼刀或是將機翼前緣做成鋸齒狀。

課程單元結束

秀威資訊
Showwe Information CO., Ltd.

秀威資訊
Showwe Information Co., Ltd.

第⑩單元
民用航空發動機介紹

Showwe Information CO., Ltd.

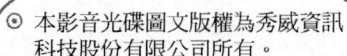

版 權 聲 明

秀威資訊
Showwe Information Co., Ltd.

Showwe Information CO., Ltd.

內容概要

- ⊙ 教學目的與參考書籍
- ⊙ 飛機發動機的功能
- ⊙ 發動機系統的分類
- ⊙ 燃燒觀念的介紹
- ⊙ 飛行環境與飛行高度的關係
- ⊙ 各類發動機的介紹
- ⊙ 發動機基本觀念介紹
- ⊙ 渦輪發動機的基本概念
- ⊙ 渦輪噴射發動機的推力介紹
- ⊙ 影響渦輪噴射發動機的推力因素
- ⊙ 渦輪發動機在超音速飛機的變革
- ⊙ 其他

參考資料 10-1

- ⊙ 秀威公司出版-航空工程概論與解析

  第六章 與 第十章

- ⊙ 秀威公司出版-民用航空發動機概論(圖解式)

前言

- ⊙ 發動機概論於102年被正式列入飛行原理考題重點，由於時日尚短，目前只考各類發動機的構造、制動原理與性能提升方式，然而在航空學校是利用54~108個學時在教授此一課程，而且只學渦輪噴射發動機入門。
- ⊙ 本單元主要是結合民航特考的考題讓同學初步瞭解民用航空發動機構造與制動原理，並針對渦輪噴射發動機的推力與影響因素加以說明。
- ⊙ 至於更深一層的認識，可參考本公司出版的航空工程概論與解析第六章與第十章、活塞式發動機的動力裝置、民用航空發動機概論以及市面上有關航空發動機的書籍。

飛機發動機的功能　10-3

飛機的定義

- 我們稱藉由動力裝置產生前進動力以及固定機翼產生升力，在大氣層中飛行的重於空氣的航空器稱為飛機。
- 無動力裝置的滑翔機、以旋翼作為主要升力來源的直升機以及在大氣層外飛行的航太飛機都不屬於飛機的定義範圍。
- 飛機活動的範圍主要是在離地25公里以下的大氣層內(中長程民航客機的活動範圍大約是在離地10公里左右)。

飛機發動機的功能

- 飛機發動機的主要功能是產生飛機推進的動力。
- 提供飛機上用電設備的電力
- 提供飛機上空調(環控)設備的氣源。

發動機系統的分類　　　10-4

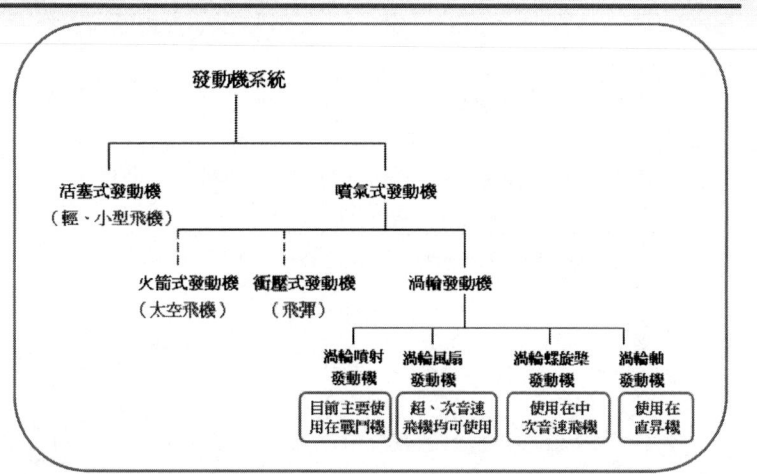

燃燒觀念的介紹

10-5

燃燒三要素

- ⊙ 燃燒需要三種要素並存才能發生，這三種要素分別是可燃物 (例如燃料)、氧化劑(又稱助燃物，例如空氣)以及溫度。
- ⊙ 當燃料與氧化劑達到某一特定溫度時，就會燃燒產生火焰，此一特定溫度，我們稱之為燃點。

影響燃燒效率的主要因素

- ⊙ 穩定氣流。
- ⊙ 溫度。
- ⊙ 壓力。
- ⊙ 燃料與空氣的密度與混合程度。

秀威資訊
Showwe Information CO., Ltd.

飛行環境與飛行高度的關係 10-6

- ⊙ 飛機在大氣層內飛行時所處的環境條件，我們稱之為飛機的飛行環境。
- ⊙ 溫度變化：飛機在對流層飛行時，發動機所吸入空氣的溫度會隨著高度成直線遞減。如果飛機在同溫層飛行時，發動機所吸入空氣的溫度幾乎保持不變。
- ⊙ 壓力與密度變化：隨著飛機的飛行高度上升，大氣的靜壓力與密度值都會隨之變小，這是因為隨著高度的上升，空氣會越來越稀薄的緣故。

因此發動機所產生的動力與效率通常會受到飛機飛行高度的影響，其間彼此的關係是民航特考在發動機項目中的考試重點之一。

秀威資訊　　　　　　　　　　　　Showwe Information CO., Ltd.

火箭式發動機的介紹 10-7

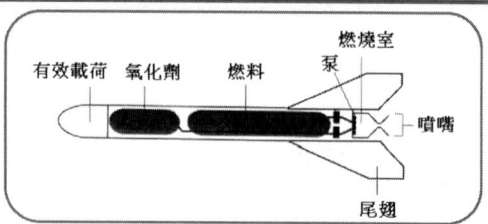

有效載荷　氧化劑　燃料　燃燒室　泵　噴嘴　尾翅

- 火箭式發動機本身攜帶發動機燃燒時所需之燃料及氧化劑，大部份運用於太空載具。
- 由於火箭式發動機是一種不依賴空氣就可以運作的發動機，太空飛機由於需要飛到大氣層外，所以必須安裝此種發動機。
- 火箭式發動機可用作航空器的輔助推進動力，但是其燃料消耗率太大在飛機上僅用於短時間加速(如起動加速器)使用。

秀威資訊
Showwe Information Co., Ltd.

Showwe Information CO., Ltd.

衝壓式發動機介紹 〔10-8〕

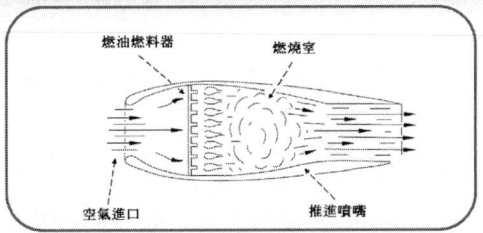

- ⊙ 衝壓式發動機的制動原理為空氣進入發動機前段的擴散導管，藉以降低空氣速度、提升壓力，並在燃燒室與燃油混合後燃燒，快速排出氣體以產生推力。
- ⊙ 衝壓式發動機由於沒有壓縮機，無法在靜止狀態中操作運轉，必須在0.2馬赫以上之速度方可使用。
- ⊙ 衝壓式發動機主要使用於超音速飛行之航空器（飛行速度可達3~5馬赫），大部份適用於飛彈。

秀威資訊　　　　　　　　　　　　　　　　　Showwe Information CO., Ltd.

活塞式發動機介紹

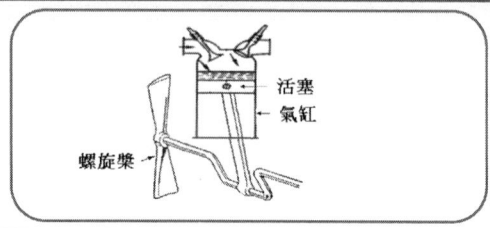

- ⊙ 活塞式飛機的制動原理是飛機藉由內燃機的原理，使在氣缸內產生的動力，經由傳動軸將馬力傳輸至螺旋槳，帶動飛機的螺旋槳拍擊大氣空氣，產生向前的驅動力(拉力)，拉動飛機前進。
- ⊙ 由於活塞式發動機本身不能產生推進力，必須藉由螺旋槳產生拉力，所以活塞式發動機加上螺旋槳才能構成稱為活塞式飛機的動力裝置，二者缺一不可。
- ⊙ 活塞式飛機的因為動力小、阻力大以及無法高速飛行等限制，目前只用於低速、小型、短程飛機。
- ⊙ 活塞式飛機因為民航駕訓班的初級教練機，因此被民航局列為發動機項目的考試重點。

秀威資訊
Showwe Information CO., Ltd.

渦輪噴射發動機介紹 ``10-10``

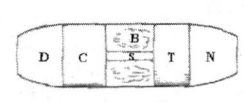

D-進氣道 (Diffuser/ Air Inlet Duct)
C-壓縮器 (Compressor)
B-燃燒室 (Burner/ Combustion Chamber)
T-渦輪 (Turbine)
N-噴嘴 (Nozzle)
S-傳動軸 (Shaft)

- ⊛ 渦輪噴射發動機的制動原理為進入進氣道的空氣在壓縮器中被壓縮後，進入燃燒室內與噴入的燃油混合燃燒，生成高溫高壓的燃氣。燃氣在膨脹過程中驅動渦輪作高速旋轉，產生帶動壓縮機的動力，並以高速從噴嘴排出，使飛機產生向前的推力。
- ⊛ 渦輪噴射發動機的優點是具有高空與高速運轉的特徵，它的缺點是無法在低速時產生大的推力。所以在飛機起飛時常需要使用較長的跑道來獲得較大的空速，藉以產生足夠的推力。除此之外，噪音大與燃油消耗率大也是其主要缺失。
- ⊛ 主要使用在超音速飛機。

渦輪螺旋槳發動機介紹

10-11

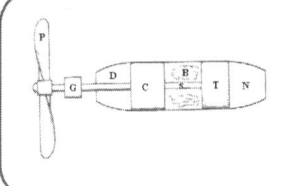

P-螺旋槳(Propeller)
G-減速齒輪箱(Gearbox)
D-進氣道(Diffuser/ Air Inlet Duct)
C-壓縮器(Compressor)
B-燃燒室(Burner/ Combustion Chamber)
T-渦輪(Turbine)
N-噴嘴(Nozzle)
S-傳動軸(Shaft)

- 渦輪螺旋槳發動機的制動原理為進入進氣道的空氣在壓縮器中被壓縮後,進入燃燒室內與噴入的燃油混合燃燒,生成高溫高壓的燃氣。燃燒所產生的動能約有90%轉化成螺旋槳的拉力,只有10%左右轉化成噴射氣流的推力。
- 和活塞式飛機一樣,渦輪螺旋槳飛機的動力裝置是由發動機與螺旋槳所構成。
- 渦輪螺旋槳發動機的優點是具有在中、低空高度及次音速之空速下可產生較大的推力,但是其缺點是受到渦輪螺旋槳的限制,無法在高空與高次音速飛行,而且隨著飛行速度的增加,會使阻力大增,造成飛行上之瓶頸。
- 主要使用在支線客機和通用航空運輸機。

秀威資訊
Showwe Information CO., Ltd.

渦輪風扇發動機介紹　　　10-12

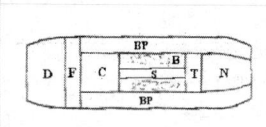

D-進氣道(Diffuser/ Air Inlet Duct)
F-風扇(Fan)
C-壓縮器 (Compressor)
B-燃燒室 (Burner/ Combustion Chamber)
T-渦輪 (Turbine)
N-噴嘴(Nozzle)
S-傳動軸(Shaft)
BP-旁通導管(Bypass Duct)

⊙ 渦輪風扇發動機的制動原理為空氣經由進氣道進入發動機，置於壓縮器前端的風扇，可視為壓縮器的一部份，用來增加流入空氣的壓力，流過風扇後，分成兩路，其中一部份的空氣經由壓縮器進入發動機的燃燒室參與燃燒，經由渦輪和噴嘴膨脹後，以高速從噴嘴排出。而另一部份的空氣則由旁通導管通過，可直接排入大氣，或和進入燃燒室參與燃燒的燃氣混合，一起從噴嘴排出。

⊙ 渦輪風扇發動機的總推力是進入發動機燃燒室參與燃燒的氣流和流經旁通導管的氣流所產生的推力之總和。

⊙ 渦輪風扇發動機由於兼具渦輪噴射與渦輪螺旋槳發動機之優點，可具有渦輪螺旋槳發動機於低空低速的良好操作效率與高推力，同時兼具渦輪噴射發動機的高空高速性能，因此成為現代高性能飛機的新主流。

渦輪發動機的基本概念 10-13

- 在燃氣渦輪發動機中,壓縮器為決定發動機性能組件之一。
- 普通大氣壓力的空氣摻和燃油之混合氣,點燃後產生的燃氣膨脹的程度不足作有用的功,產生讓飛機克服重力使其飛行的動力。
- 空氣經加壓,然後摻和燃油,點燃後的燃氣才能使活塞式發動機或渦輪發動機順利工作。發動機施於空氣的壓縮力愈大,引擎產生的動力或推力也愈大。但是活塞式發動機壓縮至一定值會產生爆震或早燃現象。而渦輪發動機壓縮至一定值會導致推重比增加。
- 壓縮器在設計上除要求較高壓縮效率外,尚需有大量之吸氣能力,方可獲至理想推力。
- 判定一個發動機性能的好壞不是推力越大越好,主要是看推重比、燃油消耗率、安全性以及維修成本。

秀威資訊 Showwe Information CO., Ltd.

渦輪噴射發動機的推力介紹

10-14

推力公式

$$T_n = \dot{m}_a(V_j - V_a) + A_j(P_j - P_{atm})$$
$$T_g = \dot{m}_a(V_j) + A_j(P_j - P_{atm})$$

主要影響因素

- ⊙ 密度
- ⊙ 溫度
- ⊙ 壓力
- ⊙ 高度
- ⊙ 濕度
- ⊙ 排氣速度與飛機的飛行速度
- ⊙ 轉速
- ⊙ 進氣口與排氣口面積

影響渦輪噴射發動機推力因素(一)-密度 `10-15`

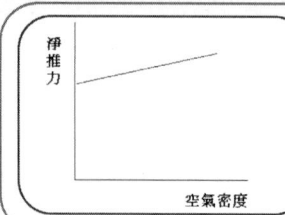

淨推力

空氣密度

繪圖及說明依據

⊙推力公式 $T_n = \dot{m}_a(V_j - V_a) + A_j(P_j - P_{atm})$

⊙質流率公式 $\dot{m} = \rho AV$

說明

⊙ 在推力公式中,最大變數為空氣流率 $\dot{m}_a$。
⊙ 在同相速度下,密度(ρ)增加,空氣流率 $\dot{m}_a$ 變大,推力也隨之變大。
⊙ 推力越大,加速度越大,則須要加速到起飛速度的跑道(或是時間)變短。

秀威資訊　　　　　　　　　　　Showwe Information CO., Ltd.

影響渦輪噴射發動機推力因素(二)-溫度 10-16

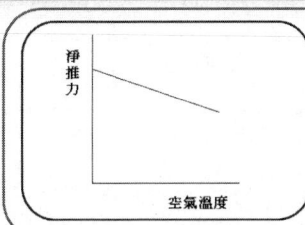

繪圖及說明依據

⊙推力公式 $T_n = \dot{m}_a(V_j - V_a) + A_j(P_j - P_{atm})$

⊙質流率公式 $\dot{m} = \rho A V$

⊙理想氣體方程式 $P = \rho R T$

説明

⊙ 在推力公式中,最大變數為空氣流率 $\dot{m}_a$。

⊙ 推力與空氣密度(ρ)成正比。

⊙ 在相同壓力(P)下,溫度(T)變大,密度(ρ)變小。

⊙ 密度(ρ)變小,空氣流率 $\dot{m}_a$ 變小,推力也隨之變小。

⊙ 推力越小,加速度越小,則須要更長跑道(時間)加速到起飛速度。

影響渦輪噴射發動機推力因素(三)-壓力 10-17

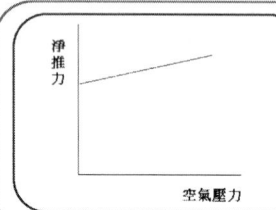

繪圖及說明依據

⊙推力公式 $T_n = \dot{m}_a(V_j - V_a) + A_j(P_j - P_{atm})$

⊙質流率公式 $\dot{m} = \rho AV$

⊙理想氣體方程式 $P = \rho RT$

說明

⊙ 在推力公式中,最大變數為空氣流率 $\dot{m}_a$。

⊙ 推力與空氣密度(ρ)成正比。

⊙ 在相同溫度(T)下,壓力(P)變大,密度(ρ)也變大。

⊙ 密度(ρ)變大,空氣流率 $\dot{m}_a$ 變大,推力也隨之變大。

秀威資訊   Showwe Information CO., Ltd.

影響渦輪噴射發動機推力因素(四)-高度　10-18

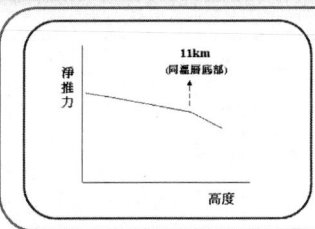

淨推力 / 高度
11km (同溫層底部)

繪圖及說明依據

⊙推力公式　$T_n = \dot{m}_a(V_j - V_a) + A_j(P_j - P_{atm})$
⊙質流率公式　$\dot{m} = \rho A V$
⊙理想氣體方程式　$P = \rho R T$
⊙飛行環境與高度的關係

說明

⊙ 在推力公式中,最大變數為空氣流率 $\dot{m}_a$。
⊙ 推力與空氣密度(ρ)成正比。
⊙ 高空的空氣稀薄,空氣密度會隨著高度的增加而遞減,但到了同溫層,由於溫度幾乎保持不變,所以密度的遞減率減緩,推力變化的趨勢也是如此。
⊙ 高度增加,推力變小,但是空氣阻力亦因空氣稀薄而降低,所以不致影響飛機速度。

影響渦輪噴射發動機推力因素(五)-濕度　10-19

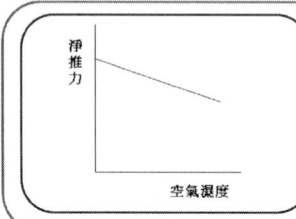

繪圖及說明依據

⊙推力公式 $T_n = \dot{m}_a(V_j - V_a) + A_j(P_j - P_{atm})$

⊙質流率公式 $\dot{m} = \rho A V$

說明

⊙ 在推力公式中,最大變數為空氣流率 $\dot{m}_a$。

⊙ 推力與空氣密度(ρ)成正比。

⊙ 濕度大,即表示空氣中含水蒸汽較多,空氣密度小,發動機的推力亦隨之減少。

影響渦輪噴射發動機推力因素(六)-排氣速度與飛行速度　10-20

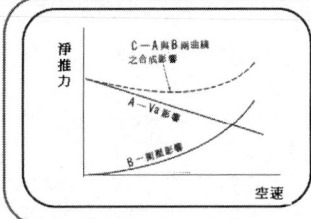

繪圖及說明依據

⊙推力公式　$T_n = \dot{m}_a(V_j - V_a) + A_j(P_j - P_{atm})$

⊙質流率公式　$\dot{m} = \rho A V$

⊙衝壓效應

說明

⊙ 在推力公式中,另一個變數為排氣速度與飛行速度的差值(Vj-Va)。
⊙ 排氣速度大，則推力大，所以有後燃器裝置的發明。
⊙ 飛機度速度Va增加後, (Vj-Va)變小,所以推力有減小的趨勢。
⊙ 速度不斷增加,衝壓的增加終能補償因Va增加在推力方面的損失。

影響渦輪噴射發動機推力因素(七)-轉速 10-21

- ⊙ 在使用轉速範圍內，轉速和推力成正比。也就是轉速愈高，推力愈大。
- ⊙ 發動機不可以長期間在最大轉速運轉，因為可能會造成發動機內部機件受力急速增加與超溫現象，因而導致發動機的損毀。
- ⊙ 噴射發動機的轉速由油門控制，由於噴射發動機轉速對推力的影響與活塞式發動機的推力特性不同。在低轉速的時候，轉速增加，推力增加甚微。但是在高轉速時，油門稍增(轉速增加)，推力將增加甚多。
- ⊙ 所以噴射發動機大多在高轉速下運轉，一來可以發揮發動機的效能，二來可以節省燃料。

影響渦輪噴射發動機推力因素(八)-進氣口與排氣口面積 [10-22]

- ⊙ 噴射發動機在運用上,必須使用大量進氣獲得推力。如果進氣口狹小,會導致進氣量不足,影響推力。所以會在進氣口處設有防冰裝置,避免高空飛行時,進氣口結冰而減少進氣口面積。
- ⊙ 發動機的進氣氣流不穩定或是因為結冰或外物損傷,將會導致發動機失速(壓縮器失速)。
- ⊙ 排氣口的面積會直接影響排氣速度,所以發動機的噴嘴設計必須遵守噴口面積法則。

渦輪發動機在超音速飛機的變革 10-23

飛機從次音速飛行到超音速飛行，氣動力外型的改變，歷年來都是民航特考飛行原理與空氣動力學考試科目的考試重點，那麼發動機從次音速飛行到超音速飛行的變革又豈能例外，不僅是飛行原理的考試科目會考，空氣動力學的考試科目也曾考過，所以必須特別注意。

主要變革

⊙ 發動機進氣道工作原理的改變。

⊙ 發動機噴嘴工作原理的改變。

⊙ 後燃器的裝置。

秀威資訊　Showwe Information CO., Ltd.

發動機進氣道工作原理的改變 [10-24]

功能
- ⊙ 吸入空氣與減速增壓。
- ⊙ 提供穩定氣流給壓縮器。

次音速進氣道	超音速進氣道
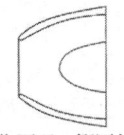	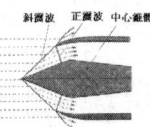
工作原理：衝壓效應	工作原理：震波原理

- ⊙ 衝壓效應：飛機在次音速飛行時，空氣流經擴散式的進氣道時，空氣的流速會減小，同時壓力與溫度會升高。空氣由於本身速度降低而受到的壓縮，叫做衝壓效應。
- ⊙ 震波原理：飛機在超音速飛行時，利用震波來來達到減速增壓的目的，稱之為震波原理，超音速飛機的進氣道設計理念是使進氣氣流先產生斜震波減速後，再形成震波將進氣氣流從音速降至次音速。

發動機噴嘴的改變

10-25

噴口面積法則

$$(1) \quad \frac{dA}{A} = (M_a{}^2 - 1)\frac{dV}{V}$$

$$(2) \quad \frac{dA}{A} = (\frac{1 - M_a{}^2}{\rho V^2})dP$$

口訣

- ⊙ 次音速氣流在發動機內部的性質變化：A大V小P大；A小大V大P小。
- ⊙ 超音速氣流在發動機內部的性質變化：A大V大P小；A小V小P大。

次音速噴嘴(漸縮噴嘴)	超音速噴嘴(細腰噴嘴)

後燃器

10-26

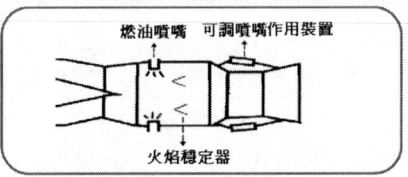

- 功能：基本上後燃器可說是一種再燃燒的裝置，於後燃器處再噴入燃油，使未充分燃燒的氣體與噴入的燃油混合再次燃燒，經過可變噴口達到瞬間增加推力的目的，主要使用在戰鬥機。
- 優點：是在發動機不增加截面積及轉速的情況下，增加50~70%之推力，且構造簡單，造價低廉。
- 缺點：耗油量大，同時過高的氣體溫度也影響發動機的壽命，因此發動機開啟後燃器一般是有時間限制，通常是在起飛、爬升和最大加速等飛行階段才使用。
- 渦輪螺旋槳發動機由於受到螺旋槳氣動力外型的限制所以不可以裝設後燃器。

觀念提醒 10-27

- 飛機失速(失速)、翼尖失速以及壓縮器失速都是因為機翼不穩定氣流所造成的,但是發生的原因與部位是大不相同。
- 飛機失速是機翼翼型的尾緣會產生流體分離的現象,起因是攻角過大(超過)臨界攻角。
- 翼尖失速是機翼的尖端產生氣流不穩定的現象,起因是翼尖渦流所造成的。
- 壓縮器失速是流經發動機的氣流不穩定所造成的,氣流不穩定(空氣亂流)、進氣口的平穩氣流遭到阻礙(結冰或外物損傷)、壓縮器性能降低(污染、刮傷或葉片尖端間隙過大)、攻角因素與大動作的飛行等都是可能的起因。

其他 10-28

發動機是飛機動力的核心，飛安是民航特考考試的重點，因此有關發動
機會影響飛安的因素與預防措失要特別注意。

- ⊙ 外物損傷(F.O.D)
- ⊙ 飛鳥撞擊。
- ⊙ 發動機失速。
- ⊙ 壓縮器失速。
- ⊙ 螺旋槳失速。
- ⊙ 活塞式發動機運轉的影響因素。
- ⊙ 螺旋槳效能的影響因素。
- ⊙ 各式發動機的組成構件、原理以及常見的一般故障。

建議各位考生先瞭解本單元與本公司出版的航空工程概論與解析第六章
與第十章第六章與第十章後，再行參考本公司出版的民用航空發動機概
論、活塞式發動機的動力裝置、或是市面上有關航空發動機的書籍。

秀威資訊　　　　　　　　　　　　　　　　　　Showwe Information CO., Ltd.

課程單元結束

秀威資訊
Showwe Information CO., Ltd.

秀威資訊
Showwe Information Co., Ltd.

第⑪單元
飛行穩定與飛航安全

Showwe Information CO., Ltd.

版　權　聲　明

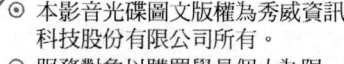

- 本影音光碟圖文版權為秀威資訊科技股份有限公司所有。
- 服務對象以購買學員個人為限。
- 未經許可請勿翻製及上傳至其他影音平台，違者將追究其刑事與民事責任。
- 教育機構與學校單位如欲播放及使用本影音光碟之內容，請與秀威資訊科技股份有限公司洽談播放與使用版權。
- 如有任何問題請洽本公司客服部電子信箱：service@showwe.com.tw 與電話：+886-2-2518-0207。

內容概要

- 教學目的與參考書籍
- 飛機飛行的三個重要階段
- 飛機的巡航階段
- 飛機的起飛階段
- 影響飛機起飛距離的因素
- 飛機的降落階段
- 飛機的飛行穩定
- 飛機的靜態穩定
- 飛機縱向(軸)靜態穩定設計的種類與原理
- 飛機航向靜態穩定設計的種類與原理
- 飛機橫向(軸)靜態穩定設計的種類與原理
- 飛機的動態穩定
- 飛航安全
- 低空風切對飛安的影響
- 飛機降落時側風對飛安的影響

參考資料 　11-1

- 秀威公司出版-航空工程概論與解析

  第七章 、 第九章 與 第十二章

- 秀威公司出版-圖解式飛航原理簡易入門小百科

  第八章 、 第九章 與 第十一章

前言　　　　　　　　　　　　　　11-2

⊙ 本部份的內容是針對飛機飛行的主要狀態與原理、飛行平衡和飛行穩定的定義與原理以及影響飛行安全的因素加以說明。

⊙ 至於更深一層的認識，可參考前面所列參考書籍的各章內容。

秀威資訊
Showwe Information Co.,Ltd.
Showwe Information CO., Ltd.

飛機飛行的三個重要階段　11-3

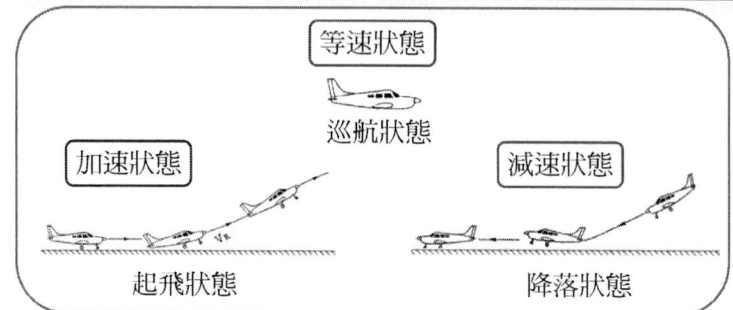

等速狀態

巡航狀態

加速狀態

減速狀態

起飛狀態　　　　　降落狀態

- 飛機的起降與巡航是飛機飛行的三個重要階段。
- 巡航是民航機飛行時間最長的階段。
- 飛機的起降是民航機失事最多的階段，這是因為民航機在起降過程的姿態改變最大，一旦發生問題，來不及修正。
- 一般公認飛機降落比起飛更加困難。

秀威資訊　　　　　　　　　　　　　　Showwe Information CO., Ltd.

飛機的巡航階段

11-4

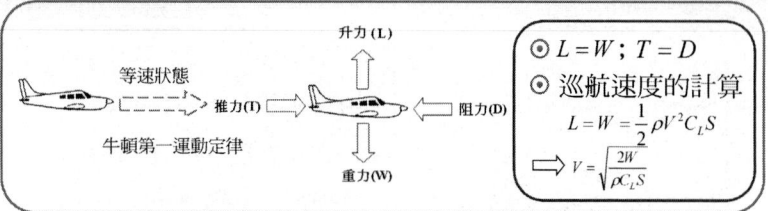

- 飛機在巡航階段時是保持等速及等高度的平衡狀態，所以升力等於重力，推力等於阻力，對重心的合力矩為零。
- 民航機在巡航階段時，飛行阻力最小、燃油率最少、飛行最經濟而且飛機的航程最大。
- 巡航高度會隨飛機飛行時間的增加而逐漸升高。
- 航時會隨順逆風而改變，順風(風的流向與飛機的航向相同)的時候航時短，逆風(風的流向與飛機的航向相反)的時候航時長，所以航時會隨季節改變。

飛機的起飛階段

11-5

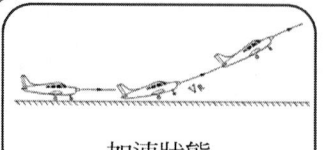

加速狀態

⊙ 失速速度 $V_{Stall} \equiv \sqrt{\dfrac{2W}{\rho C_{l\,max} S}}$

⊙ 起飛速度 $V_{TO} = 1.1 \times V_{Stall}$

⊙ 起飛攻角 $\alpha_{TO} = 0.8 \times \alpha_{Stall}$

⊙ 飛機在起飛階段為加速度階段,所以推力大於阻力。
⊙ 飛機發動機所產生的動力必須克服飛機的重力(升力必須大於重力),才有可能起飛。
⊙ 當飛機在跑道上加速而達到VR 時,升力足以抬起飛機時,機師會把操縱桿向後拉,使升降舵轉向(向下),讓機頭抬起轉為爬升。
⊙ 法規規定,為安全起見,飛機起飛速度必須大於失速速度的1.1倍,但是如果飛機的起飛速度只是失速速度的1.1倍,機師將無法將平行的飛機自跑道的拉起,轉向至爬升角度,所以飛機的起飛速度必須為失速速度的1.2倍。
⊙ 影響飛機起飛跑道(起飛距離)的因素-飛機重量、推力、密度、溫度、高度、風向以及重心位置。

秀威資訊
Showwe Information CO., Ltd.

影響飛機起飛距離的因素（一）－飛機重量與推力 11-6

飛機重量

- ⊙ 說明依據：飛機發動機所產生的動力必須克服飛機的重力(升力必須大於重力)，才有可能起飛。
- ⊙ 飛機重量增加，需要更大的升力，所以需要較長的跑道。

推力

- ⊙ 說明依據：飛機發動機所產生的動力必須克服飛機的重力(升力必須大於重力)，才有可能起飛。
- ⊙ 飛機的推力增加，可以產生較大的升力，所以需要的跑道較短。
- ⊙ 飛機的推力增加，可以對飛機產生較大的加速度，可以用較短的跑道就可以到達起飛速度。

秀威資訊　Showwe Information Co., Ltd.　Showwe Information CO., Ltd.

影響飛機起飛距離的因素(二)-密度與溫度 [11-7]

說明依據

⊙ 飛機發動機所產生的動力必須克服飛機的重力(升力必須大於重力)。
⊙ 升力公式： $L = \frac{1}{2} \rho V^2 C_L S$
⊙ 理想氣體方程式： $P = \rho RT$

密度

飛機起飛時的密度越大，可以產生較大的升力，所以需要的跑道較短。

溫度

根據理想氣體方程式，在相同的壓力下，溫度越大，密度越小。所以飛機起飛時的溫度越大，可以產生的升力較小，所以需要的跑道較長。

所以這也就是夏天溫度高，起飛距離大；而冬天溫度低，起飛距離小的原因。

秀威資訊　　　　　　　　　　　　　　　　　　Showwe Information CO., Ltd.

影響飛機起飛距離的因素(三)-密度與高度 11-8

說明依據

- ⊙ 飛機發動機所產生的動力必須克服飛機的重力(升力必須大於重力)。
- ⊙ 升力公式：$L = \frac{1}{2}\rho V^2 C_L S$
- ⊙ 飛行環境與高度的關係。

密度

飛機起飛時的密度越大，可以產生較大的升力，所以需要的跑道較短。

高度

高空的空氣稀薄，空氣密度會隨著高度的增加而遞減，所以高度越高，密度越小。飛機起飛時可以產生的升力越小，所以需要的跑道較長。

這也就是高原地帶需要較長的跑道的原因。

影響飛機起飛距離的因素(四)-風向 11-9

順逆風的定義

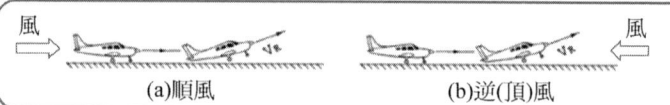

(a)順風   (b)逆(頂)風

說明依據

- 飛機發動機所產生的動力必須克服飛機的重力(升力必須大於重力)。
- 升力公式: $L = \frac{1}{2}\rho V^2 C_L S$; V為相對速度。
- 相對運動原理。

說明

- 所謂順風是指風的流向與飛機起飛滑行的方向相同,而逆(頂)風是指風的流向與飛機起飛滑行的方向相反。
- 飛機在順風起飛時,相對速度較小,可以產生的升力較小,所以需要較長的跑道起飛。反之,飛機在逆風起飛時,所需起飛的跑道距離較短。

秀威資訊
Showwe Information CO., Ltd.

影響飛機起飛距離的因素(五)-重心位置　11-10

說明依據

- ⊙ 民用機與戰鬥機的設計理念不同。
- ⊙ 民用機的重心在前，強調穩定性能，重視旅客的安全、舒適與穩定；戰鬥機的重心在後，強調機動性能，也就是飛行姿態的彈性。

說明

一般而言，飛機的重心前移則起飛跑道要加長，因為飛機的重心愈向前，飛機的飛行姿態愈穩定(越不容易改變飛行姿態；也就是越不容易從滑行轉向至爬升角度)，所以需要較長的跑道起飛。

這也就是戰機所需跑道較短的原因。

秀威資訊　Showwe Information Co., Ltd.

Showwe Information CO., Ltd.

飛機的降落階段

11-11

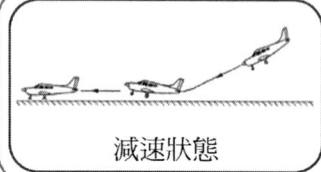

減速狀態

⊙ 失速速度 $V_{Stall} \equiv \sqrt{\dfrac{2W}{\rho C_{L\max} S}}$

⊙ 著陸(觸地)速度 $V_{TD} = 1.15 \times V_{Stall}$

- ⊙ 法規規定，為安全起見，飛機的觸地速度必須大於失速速度的1.15倍。但是為安全起見，飛機的觸地速度通常是失速速度的1.3倍。
- ⊙ 基本上來說，降落是起飛的反過程。從滑翔狀態過渡到著陸，隨即在跑道上滑行減速，一直到停住。
- ⊙ 一般認為飛機降落比起飛更加困難，對飛行員而言，降落是所有飛行過程中最危險的時刻。這是因為飛機降落時必須考量(1)與目的地機場塔台做聯繫。 (2)空中盤旋的可能性。(3)側風與低空風切的問題的緣故。

秀威資訊　　　　　　　　　　　　　　　　　Showwe Information CO., Ltd.

飛機的飛行穩定

11-12

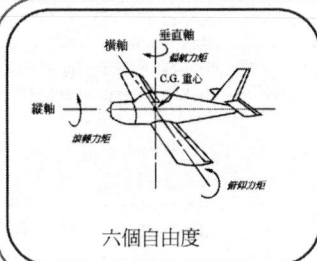

六個自由度

- ⊙ 飛機飛行的六個自由度(俯仰、偏航與滾轉)是因為受力與力矩不平衡所造成的。
- ⊙ 所謂飛機的平衡是指飛機所受到的所有之外力及力矩的總和為零，此時飛機為靜止或是作等速度與等高度的穩定飛行。
- ⊙ 縱向不平衡-俯仰運動。
- ⊙ 航向不平衡-偏航運動。
- ⊙ 橫向不平衡-滾轉運動。

- ⊙ 如果飛機的運動是出自飛行員(機師)的意志，我們稱之為控制(操縱)。
- ⊙ 如果飛機的運動不是出自飛行員(機師)的意志，而是偶然、突發與瞬時的因素(例如陣風的擾動)，導致預定任務的無法完成或是影響飛行安全，我們在飛機設計時，必須想辦法預防、抑制與消彌，我們稱之為穩定。
- ⊙ 飛機的飛行穩定性可分為靜態穩定與動態穩定二種。

秀威資訊　Showwe Information CO., Ltd.

飛機的靜態穩定 11-13

定義

⊙ 當飛機受到偶然、突發與瞬時的因素(例如陣風的擾動)，導致飛機的姿態與航向改變時，飛機的設計具備恢復到原來平衡狀態的趨勢，我們稱之為靜態穩定。

⊙ 飛機的靜態穩定設計可分為縱向(軸)靜態穩定設計、航向靜態穩定以及橫向(軸)靜態穩定三種。

考試重點

⊙ 縱向(軸)靜態穩定設計的種類與原理。

⊙ 航向靜態穩定設計的種類與原理。

⊙ 橫向(軸)靜態穩定設計的種類與原理。

秀威資訊 Showwe Information CO., Ltd.

飛機縱向(軸)靜態穩定設計的種類與原理 11-14

定義

- ⊙ 當飛機受到偶然、突發與瞬時的因素(例如陣風的擾動)，導致飛機機頭產生上下的運動(俯仰運動)，飛機的設計會使飛機具備恢復到原來平衡狀態的趨勢，我們稱之為縱向靜態穩定設計。
- ⊙ 飛機的縱向靜態穩定設計包括水平安定面與調整飛機的配重二種。

原理

| 水平安定面 | 飛機的配重 |

水平安定面
相對風
陣風
相對風
因為風會撞擊水平安定面

飛機的配重
相對風
陣風
民航機的重心在前
因為飛機重心會往下壓

飛機航向靜態穩定設計的種類與原理 11-15

定義

⊙ 當飛機受到偶然、突發與瞬時的因素(例如陣風的擾動)，導致飛機機頭產生左右的運動(偏航運動)，飛機的設計會使飛機具備恢復到原來平衡狀態的趨勢，我們稱之為航向靜態穩定設計。

⊙ 飛機航向靜態穩定設計包括垂直安定面與後掠角二種。

原理

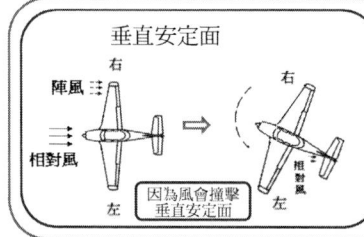

垂直安定面

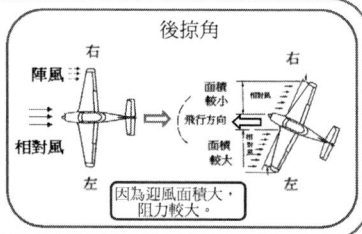

後掠角

秀威資訊

Showwe Information CO., Ltd.

飛機橫向(軸)靜態穩定設計的種類與原理　11-16

定義

- 當飛機受到偶然、突發與瞬時的因素(例如陣風的擾動)，導致飛機機身產生翻轉的運動(滾轉運動)，飛機的設計會使飛機具備恢復到原來平衡狀態的趨勢，我們稱之為橫向(軸)靜態穩定設計。
- 飛機的橫向靜態穩定設計包括上反角與後掠角等方法。

原理

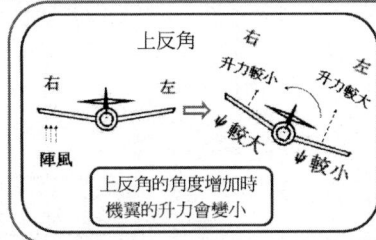

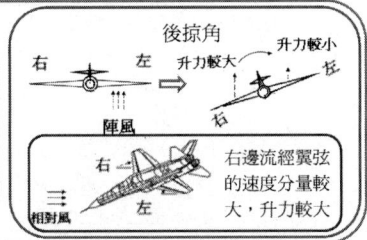

飛機的動態穩定 11-17

定義

- 飛機具備靜態穩定的特性，只是表示飛機在受到外界擾動時，有自動恢復到平衡狀態的趨勢。但是並不能表示飛機在整個穩定的過程中，最後一定能夠恢復到原來的平衡狀態。
- 飛機在受到陣風的擾動後恢復到原來平衡位置的過程中，會產生振動。如果飛機有能力讓這些初始振動的振幅隨時間增長而消失或減小，我們稱之為動態穩定。
- 民航機的重心向前即是希望飛機能保持良好的俯仰動態穩定(Short Period Pitching Oscillation；SPPO)。

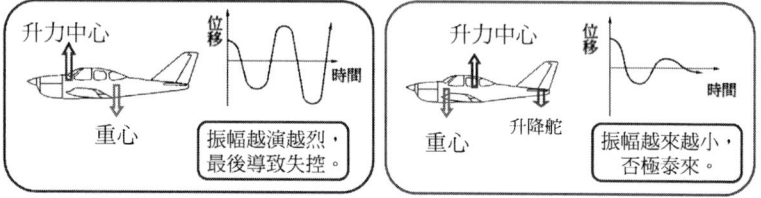

秀威資訊　Showwe Information CO., Ltd.

飛航安全 11-18

定義

- ⊙ 舉凡一切影響可能飛機飛行安全的原因，均屬於「飛航安全」的研究範疇。
- ⊙ 飛航安全的定義為：「將各種技術與資源，經過整合，以求飛機飛行時免於事故發生的作為」。

考試重點(偏向影響飛航安全的因素與防制作為)

- ⊙ 失速：包含(飛機)失速、翼尖失速、壓縮機(發動機)失速以及螺旋槳失速。
- ⊙ 影響飛航之有害風因：晴空亂流 、雷暴、低空風切以及降落時側風的影響。
- ⊙ 影響飛航之環境因素：外物損傷(F.O.D) 、飛鳥撞擊以及靜電防護。
- ⊙ 積冰問題對飛安的影響。

由於失速問題，我們在前面幾個部分已做說明，影響飛航之環境因素以及積冰問題對飛安的影響，各位同學參考圖解式飛航原理簡易入門小百科第十一章與航空工程概論與解析第十二章不難瞭解，因此在此僅解釋低空風切以及飛機降落時側風對飛航安全(飛安)的影響。

秀威資訊　　　　　　　　　　　　　　　　　　　　　Showwe Information CO., Ltd.

低空風切對飛安的影響

低空風切的定義

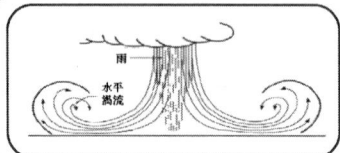

低空風切是指在離地約500m高度以下的風速在水平和垂直方向的突然變化情形，低空風切會使飛機在起降過程的姿態和高度突然發生變化，極有可能造成飛機失事，因此被國際航空界公認為是飛機起飛和著陸過程中，最危險的因素之一。

低空風切的危害

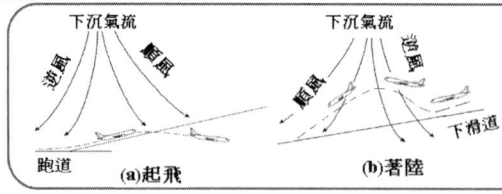

說明依據
⊙ 下衝氣流，攻角減少，升力與飛機高度下降。
⊙ 順風，飛機的升力與高度下降。
⊙ 逆風，飛機的升力與高度上升。

秀威資訊　　　　　　　　　　　　Showwe Information CO., Ltd.

飛機降落時側風對飛安的影響 11-20

飛機降落時側風的危害

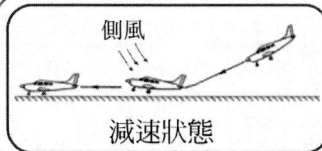

飛機會被吹離跑道，釀成飛安

處置措施

說明依據
- ⊙ 方向舵是用來控制飛機的偏航運動。
- ⊙ 右邊側風，會使機頭偏左(偏離航向)，修正航向必須使機頭向右，所以飛行員(機師)應該調整方向舵向右偏轉。反之，如果是左邊側風，飛行員(機師)應該調整方向舵向左偏轉。
- ⊙ 調整飛機角度，減緩風力對機體的衝擊。

秀威資訊
Showwe Information CO., Ltd.

課程單元結束

秀威資訊
Showwe Information Co. Ltd.

第⑫單元
常見計算題問題

Showwe Information CO., Ltd.

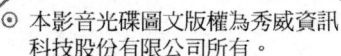
版　權　聲　明

⊙ 本影音光碟圖文版權為秀威資訊
　科技股份有限公司所有。
⊙ 服務對象以購買學員個人為限。
⊙ 未經許可請勿翻制及上傳至其他
　影音平台，違者將追究其刑事與
　民事責任。
⊙ 教育機構與學校單位如欲播放及
　使用本影音光碟之內容，請與秀
　威資訊科技股份有限公司洽談播
　放與使用版權。
⊙ 如有任何問題請洽本公司客服部
　電子信箱：service@showwe.com.tw
　與電話：+886-2-2518-0207。

秀威資訊
Showwe Information Co., Ltd.
Showwe Information CO., Ltd.

內容概要

- ⊙教學目的
- ⊙常見的計算公式
- ⊙常見的計算類型
- ⊙解題三步驟(考題簡化法)
- ⊙考題簡化法說明
- ⊙常見的計算類型說明
- ⊙考生在練習計算題所常見問題的列舉與說明
- ⊙結論

秀威資訊　　　　　　　　　　　　　　　Showwe Information CO., Ltd.

前言 12-1

- ⊙本部份主要是教導學生如何面對與簡化民航特考中常見的計算問題，並針對考生常見缺失加以說明。
- ⊙至於更深一層的認識，可參考本公司出版的航空工程概論與解析。

秀威資訊
Showwe Information CO., Ltd.

常見的計算公式

- 音速公式：$a = \sqrt{rRT}$
- 馬赫速公式：$M_a = \dfrac{V}{a}$
- 理想氣體方程式(用於可壓縮流)：$P = \rho RT$；$Pv = RT$；$PV = mRT$
- 質流率守恆方程式(用於可壓縮流)：$\sum \dot{m}_i = \sum \dot{m}_e$；$\dot{m} \equiv \rho AV$
- 柏努利方程式(用於不可壓縮流)：$P_1 + \dfrac{1}{2}\rho V_1^2 = P_2 + \dfrac{1}{2}\rho V_2^2 = P_t$
- 體流率守恆方程式(用於可壓縮流)：$\sum Q_i = \sum Q_e$；$Q \equiv AV$
- 巡航速度：$V = \sqrt{\dfrac{2W}{\rho C_L S}}$
- 失速速度：$V_{Stall} = \sqrt{\dfrac{2W}{\rho C_{L.\max} S}}$

秀威資訊
Showwe Information CO., Ltd.

常見的計算類型 12-3

- ⊙ 飛機在飛行時壓力、溫度與密度的關係(理想氣體方程式)。
- ⊙ 可壓縮流與不可壓縮流的判定(馬赫速是否大於0.3)。
- ⊙ 管路流速的計算。
- ⊙ 風洞的流速計算。

解題三步驟(考題簡化法)-1 ┃12-4┃

一、列出已知。
二、列出公式。
三、計算與求解。

理由

- ⊙ 不論任何考試,計算題都是設計好的,一個蘿蔔一個坑。
- ⊙ 在民航特考中有許多的考題內都會放進許多無用數據,讓你根本找不出那一個是蘿蔔。
- ⊙ 考試時間緊湊,多數人都無法快速地找出蘿蔔。
- ⊙ 考題簡化法就是幫你快速找出蘿蔔。

秀威資訊　　　　　　　　　　　　　　　　　　　　Showwe Information CO., Ltd.

解題的三大步驟(考題簡化法)-2　12-5

> 一、列出已知。
> 二、列出公式。
> 三、計算與求解。

舉例

> 假設在理想氣體的條件下，空氣的溫度為10°C，壓力為100kPa，空氣密度為1.23kg/m³，請問音速為何？

解題三步驟

一、列出已知：T= 10°C ，P= 100kPa， ρ= 1.23kg/m³ ，求音速a=？

二、列出公式：音速公式 : $a = \sqrt{rRT}$　　那一個是蘿蔔？

解題的三大步驟(考題簡化法)-3　　12-6

舉例

如果蘿蔔被隱藏了，怎麼樣去找蘿蔔？

假設在氣體的壓力為100kPa，空氣密度為1.23kg/m³，請問音速為何？

解題三步驟

一、列出已知：P= 100kPa，ρ = 1.23kg/m³，求音速a= ？
二、列出公式：音速公式：$a = \sqrt{rRT}$

找不到蘿蔔怎麼辦？

修正解題三步驟

一、列出已知：P= 100kPa，ρ = 1.23kg/m³，求音速a= ？
二、列出公式
(1)理想氣體方程式：$P = \rho RT \Longrightarrow$ T
(2)音速公式：$a = \sqrt{rRT}$

這不就有蘿蔔了嗎？

常見的計算類型

12-7

- ⊙ 飛機在飛行時壓力、溫度與密度的關係(理想氣體方程式)。
- ⊙ 可壓縮流與不可壓縮流的判定(馬赫速是否大於0.3)。
- ⊙ 管路流速的計算。
- ⊙ 風洞的流速計算。

常見的計算類型說明-1

計算飛機在飛行時壓力、溫度與密度的關係

| 使用公式 | 理想氣體方程式($P = \rho RT$) |

注意事項
- ⊙ 必須記住空氣的氣體常數為R=287 m^2/sec^2K
- ⊙ 溫度要用絕對溫度。
- ⊙ 壓力要改為Pa(N/m^2)。

舉例

假設飛機在飛行時,空氣的溫度為10^0C,壓力為100kPa,請計算空氣密度為何?

解答

$$P = \rho RT \Rightarrow \rho = \frac{100 \times 10^3}{287 \times (273.15 + 10)} = 1.23 kg/m^3$$

常見的計算類型說明-2

可壓縮流與不可壓縮流的判定(馬赫速是否大於0.3)。

使用公式

⊙ 馬赫數公式 ($M_a = \dfrac{V}{a}$)。

⊙ 音速($a = \sqrt{rRT}$)。

注意事項

⊙ 必須要記住空氣的氣體常數為R=287 m²/sec²K
⊙ 必須要記住等熵指數 $\gamma = 1.4$
⊙ 溫度要用絕對溫度。
⊙ 速度要改為m/s²。
⊙ 地面的音速約為340m/s；離地10km的音速約為300m/s。

舉例

如果一架飛機以時速180 公里(km/hr)飛行，音速為300m/s，請問流經空氣的流場是否為不可壓縮流(流場的密度變化是否可忽略不計)？

秀威資訊
Showwe Information CO., Ltd.

常見的計算類型說明-3

管路流速的計算

使用公式

不可壓縮流($\sum Q_i = \sum Q_e$)　　　可壓縮流($\sum \dot{m}_i = \sum \dot{m}_e$)

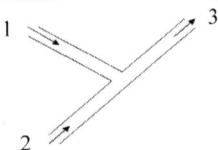

舉例

　如果有一個低速進氣管的進口截面積為A_1、空氣的壓力為P_1、密度為ρ_1，速度是V_1。而出口的截面積為A_2、空氣壓力為P_2，密度為ρ_2，假設空氣密度保持不變，且摩擦損失亦不計。假設此進氣管出口的風速V_2應為多少？

常見的計算類型說明-4

風洞的流速與壓力計算

使用公式

不可壓縮流

可壓縮流

⊙ 體流率守恆方程式（ $A_1V_1 = A_2V_2$ ）。

⊙ 柏努利方程式（ $P_1 + \frac{1}{2}\rho V_1^2 = P_2 + \frac{1}{2}\rho V_2^2$ ）。

⊙ 質流率守恆方程式（ $\rho_1 A_1 V_1 = \rho_2 A_2 V_2$ ）。

⊙ 理想氣體方程式（ $P = \rho RT$ ）。

考生在練習計算題所常見的問題 `12-12`

⊙ 沒有背熟基本公式　(巧婦難為無米之炊)

請參閱秀威公司出版-航空工程概論與解析和飛行原理重點整理及歷年考題詳解

⊙ 沒有熟練常見的題型　(以考古題收斂)

請參閱飛行原理重點整理及歷年考題詳解與空氣動力學重點整理及歷年考題詳解

⊙ 沒有記住常見數據

稍後解釋

⊙ 數據單位不相符

稍後解釋

⊙ 沒有搞清楚題目要問的重點

稍後解釋

不要只想看解答，先想想該怎麼做；或是看了解答後，想想為什麼要這麼做。

秀威資訊　　　　　　　　　　　　　　　　　　Showwe Information CO., Ltd.

沒有記住常見數據　　12-13

⊙ (1)空氣的氣體常數為R=287 m²/sec²K

(2)等熵指數 $\gamma = 1.4$

(3)對流層的溫度遞減率 $\alpha = -0.0065 \ K/m$

> 因為考官認為這是基本常識，有時候根本不列。

⊙ 在地面的音速約為340m/s；離地10km(中長程客機的飛行高度)的音速約為300m/s。

> 有助於您判定音速問題計算的結果是否正確。

舉例　(1)您計算出飛機飛行的音速是66m/s，那你一定沒把溫度換成絕對溫度。

(2)您計算出飛機飛行的速度大於90m/s，你就不可以把密度的變化忽略。

(3)您計算出車子的速度大於102m/s，你就不可以把密度的變化忽略。

數據單位不相符

12-14

- ⊙ 許多考生都直接將考題數據代入公式，根本不做單位轉換，然後說解答有問題或解法錯誤。
- ⊙ 由於民航特考的考題大多使用公制，只要統一單位即可解決此一問題。
- ⊙ 說明如下。

公制單位

- ⊙ 溫度用絕對溫度：$k={}^0c+273.15$。
- ⊙ 長(高)度用公尺(m)：$km=1000m$。
- ⊙ 時間用秒(s)：$1hr=60min=3600s$。
- ⊙ 速度用公尺/秒(m/s)：時速$km/s=1000m/3600s$。
- ⊙ 壓力用pa(N/m^2)：$kpa=1000pa$。
- ⊙ 其他：薄翼理論用的是徑度，而不是角度。

沒有搞清楚題目要問的重點　　12-15

> 考試中有很多的陷阱，主要是測試考生有沒有基本觀念。

設有一噴射飛機，其阻力係數C_D可以下式表示：$C_D = C_{D0} + KC_L^2$。式中，C_{D0}為零升力阻力係數，K為升力誘導阻力因數（lift-induce drag factor），兩者均設為常數，C_L為升力係數。假設飛機重量為W，參考面積為S。飛機每產生一磅推力，每小時消耗燃料c磅，燃料總重量為W_{fuel}。飛機以等高度（空氣密度為ρ）飛行。試以所給的參數：導出最低阻力之速度。

⊙ 這題民航補習班的不合格師資與婉君都教各位同學以求最大升阻比時速度的方式來計算，因為被$C_D = C_{D0} + KC_L^2$這個公式誤導，用這方式大概要算一個小時，而且得到的是錯誤的答案。

⊙ 相信許多的航空書籍都一再強調「兩個最經濟的飛行速度」。

⊙ 民航客機所採用的巡航速度是飛機飛行阻力最小，航程最遠的飛行速度。

⊙ 最大升阻比時的速度並不一定是飛機飛行阻力最小的速度。

⊙ 只要用巡航速度的觀念算，三分鐘就可得到分數，為何要用民航補習班不合格師資與婉君的算法，算一個多小時一分也沒有？請問您還有時間解其他題目嗎？

觀念正確上天堂，觀念錯誤繼續住套房。

秀威資訊　　　　　　　　　　　　　　　　　　　　Showwe Information CO., Ltd.

結論

12-16

民航特考考飛行原理、空氣動力學、航空氣象學以及民航法規主要是為了防範飛安事故，但是近年因為補習班不合格師資以及婉君的緣故，使得一些錯誤的觀念流傳，而這些言論與說法極有可能造成嚴重的飛行事故與大量的人員傷亡，令人不禁會為未來的飛航安全感到擔憂，也間接的導致民航特考在某些問題與觀念上一再地重考。

例如

- ⊙ 螺旋槳發動機轉速太快 ⟹ 螺旋槳失速。
- ⊙ 爬升角太大 ⟹ 壓縮器(發動機)失速。
- ⊙ 飛機長時間處於穿音速狀態⟹飛機機翼與機身振盪，而導致失事。

- ⊙ 航空事故的發生可能代表的是大量的人命損失以及高價值的飛機在瞬間消逝，它所帶給國人的震撼及社會的成本是無可諱言的。
- ⊙ 有時候飛航管制員的正確觀念可能會救回數十，甚至上百條人命，所以用正確的觀念與及積極的想法，才是考取民航特考的不二法門。

秀威資訊   Showwe Information CO., Ltd.

課程單元結束

秀威資訊
Showwe Information Co., Ltd.

Showwe Information CO., Ltd.

秀威經典　　　　　　　　　　　　　PD0031　民航特考1

飛行原理速成記事本

作　　　者／陳大達（筆名：小瑞老師）
責任編輯／鄭伊庭、杜國維
圖文排版／周妤靜
封面設計／楊廣榕

出版策劃／秀威經典
發 行 人／宋政坤
法律顧問／毛國樑　律師
印製發行／秀威資訊科技股份有限公司
　　　　　114台北市內湖區瑞光路76巷65號1樓
　　　　　電話：+886-2-2796-3638　傳真：+886-2-2796-1377
　　　　　http://www.showwe.com.tw
劃撥帳號／19563868　戶名：秀威資訊科技股份有限公司
　　　　　讀者服務信箱：service@showwe.com.tw
展售門市／國家書店（松江門市）
　　　　　104台北市中山區松江路209號1樓
　　　　　電話：+886-2-2518-0207　傳真：+886-2-2518-0778
網路訂購／秀威網路書店：http://www.bodbooks.com.tw
　　　　　國家網路書店：http://www.govbooks.com.tw

2015年9月　BOD一版
定價：300元
版權所有　翻印必究
本書如有缺頁、破損或裝訂錯誤，請寄回更換

國家圖書館出版品預行編目

飛行原理速成記事本 / 陳大達著. -- 一版. -- 臺北市：
秀威經典, 2015.09
  面；　公分. -- (學習新知類 ; PD0031)
BOD版
ISBN 978-986-92097-2-4(平裝)

1. 飛行　2. 航空力學

447.55　　　　　　　　　　　　104015173

讀者回函卡

感謝您購買本書，為提升服務品質，請填妥以下資料，將讀者回函卡直接寄回或傳真本公司，收到您的寶貴意見後，我們會收藏記錄及檢討，謝謝！如您需要了解本公司最新出版書目、購書優惠或企劃活動，歡迎您上網查詢或下載相關資料：http:// www.showwe.com.tw

您購買的書名：＿＿＿＿＿＿＿＿＿＿＿＿＿＿＿＿＿＿＿＿＿＿＿

出生日期：＿＿＿＿＿年＿＿＿＿＿月＿＿＿＿＿日

學歷：□高中 (含) 以下　　□大專　　□研究所 (含) 以上

職業：□製造業　□金融業　□資訊業　□軍警　□傳播業　□自由業
　　　□服務業　□公務員　□教職　　□學生　□家管　　□其它＿＿＿

購書地點：□網路書店　□實體書店　□書展　□郵購　□贈閱　□其他

您從何得知本書的消息？

□網路書店　□實體書店　□網路搜尋　□電子報　□書訊　□雜誌
□傳播媒體　□親友推薦　□網站推薦　□部落格　□其他＿＿＿＿＿

您對本書的評價：(請填代號　1.非常滿意　2.滿意　3.尚可　4.再改進)

封面設計＿＿＿ 版面編排＿＿＿ 內容＿＿＿ 文／譯筆＿＿＿ 價格＿＿＿

讀完書後您覺得：

□很有收穫　□有收穫　□收穫不多　□沒收穫

對我們的建議：＿＿＿＿＿＿＿＿＿＿＿＿＿＿＿＿＿＿＿＿＿＿＿

＿＿＿＿＿＿＿＿＿＿＿＿＿＿＿＿＿＿＿＿＿＿＿＿＿＿＿＿＿＿＿＿

＿＿＿＿＿＿＿＿＿＿＿＿＿＿＿＿＿＿＿＿＿＿＿＿＿＿＿＿＿＿＿＿

＿＿＿＿＿＿＿＿＿＿＿＿＿＿＿＿＿＿＿＿＿＿＿＿＿＿＿＿＿＿＿＿

11466

台北市內湖區瑞光路 76 巷 65 號 1 樓

秀威資訊科技股份有限公司 收

BOD 數位出版事業部

⋯⋯⋯⋯⋯⋯⋯⋯⋯⋯⋯⋯⋯⋯⋯⋯⋯⋯⋯⋯⋯⋯⋯⋯⋯

（請沿線對折寄回，謝謝！）

姓　　名：＿＿＿＿＿＿＿＿＿　年齡：＿＿＿＿　性別：□女　□男

郵遞區號：□□□□□

地　　址：＿＿＿＿＿＿＿＿＿＿＿＿＿＿＿＿＿＿＿＿＿＿＿＿＿

聯絡電話：(日) ＿＿＿＿＿＿＿＿＿＿　(夜) ＿＿＿＿＿＿＿＿＿＿＿

E - m a i l：＿＿＿＿＿＿＿＿＿＿＿＿＿＿＿＿＿＿＿＿＿＿＿＿＿